日经设计 编
袁璟 林叶 译

无印良品的设计 2

广西师范大学出版社
·桂林·

前言

无印良品诞生于1980年，日本正处于大量生产、大量消费的时代，人们越来越追求更高的附加价值。无印良品则顺水推舟，适应时代的需求。

摒弃华美，贯彻简洁素朴的姿态。在“朴素”中创造新价值的审美意识。排除“这样才好”的选择项，而低调地选择“这样就好”所体现的向善知性。保持简洁素朴的同时，将目光投注到每个细节，完成细心设计……

流淌于无印良品根基中的这种思想，实则孕育自日本文化及审美意识的土壤。诞生至今35年间，这种思想不断传播，现在，无印良品的热情支持者遍及全世界，大约三分之一的商业运作都是在日本以外的国家和地区展开的。

只要拥有实质性的功能、优秀的设计和合理的价格，便能在世界畅销——此言不虚。在日本诞生的无印良品正朝着“世界的无印良品”不断迈进。从认真生产每一件产品的制造商，向设计生活方式及倡导生活风格的品牌转变。

象征无印良品持续进化的两个关键词便是“Compact Life”（简约生活）和“Micro Consideration”（微观思考）。

“Compact Life”是无印良品为了配合国际化发展，对始终追求的“感觉良好的生活”进行重新诠释而推出的更为贴切易懂的理念。

“Micro Consideration”则是贯穿无印良品商品开发过程的细微考量及缜密视点。即便已成为名副其实的全球性企业，无印良品依然坚持摒弃华美，不断打磨基础款商品，表现出自己的风格。

本书对当下正在成长为国际化品牌的无印良品进行采访，目的在于向读者揭示在进化过程中哪些发生了改变，而又有哪些保持不变。一个品牌能够一直保持成长、受人欢迎，其秘密便在于此。

另外，无印良品并不会标榜设计师之名销售产品，实际上却正因为如此，反倒吸引了世界范围内的设计师的关注。本书中，我们采访了与无印良品长期合作的三位设计师，康士坦丁·葛切奇（Konstantin Grcic）、萨姆·海特（Sam Hecht），以及贾斯珀·莫里森（Jasper Morrison），向他们征询“无印良品的本质为何”。若能供读者参考，我们将万分荣幸。

（日经设计编辑部）

目 录

本书基于《日经设计》过去的报道，并对其内容进行了增补、修整及重新编辑。
原本的报道如下：

第 1 章

pp.10 ~ 33 :《无印良品 · 进化计划》，2016 年 3 月号

pp.34 ~ 37 :《Editor's Eye ／新闻与趋势》，2016 年 6 月号

pp.42 ~ 57 :《无印良品 · 进化计划》，2016 年 3 月号

第 2 章

pp.62 ~ 105 :《无印良品 · 进化计划》，2016 年 3 月号

第 3 章

pp.120 ~ 157 :《无印良品 · 进化计划》，2016 年 3 月号

第1章

进化之一 Compact Life

诞生于日本的无印良品
正拓展至世界各地。
为了向世界传播无印良品的追求，
无印良品会持续进化。

Compact Life
stage 2 考量收纳形式
stage 4
考量“生活的姿彩”
stage 3 考量归置方法
stage 1 考量持有方式

无印良品的全球化战略

向世界传播“Compact Life”

“感觉良好的生活”是无印良品追求的目标。
现在，偕同“Compact Life”这一模式，
无印良品再次向世界发声。

●无印良品的海外拓展

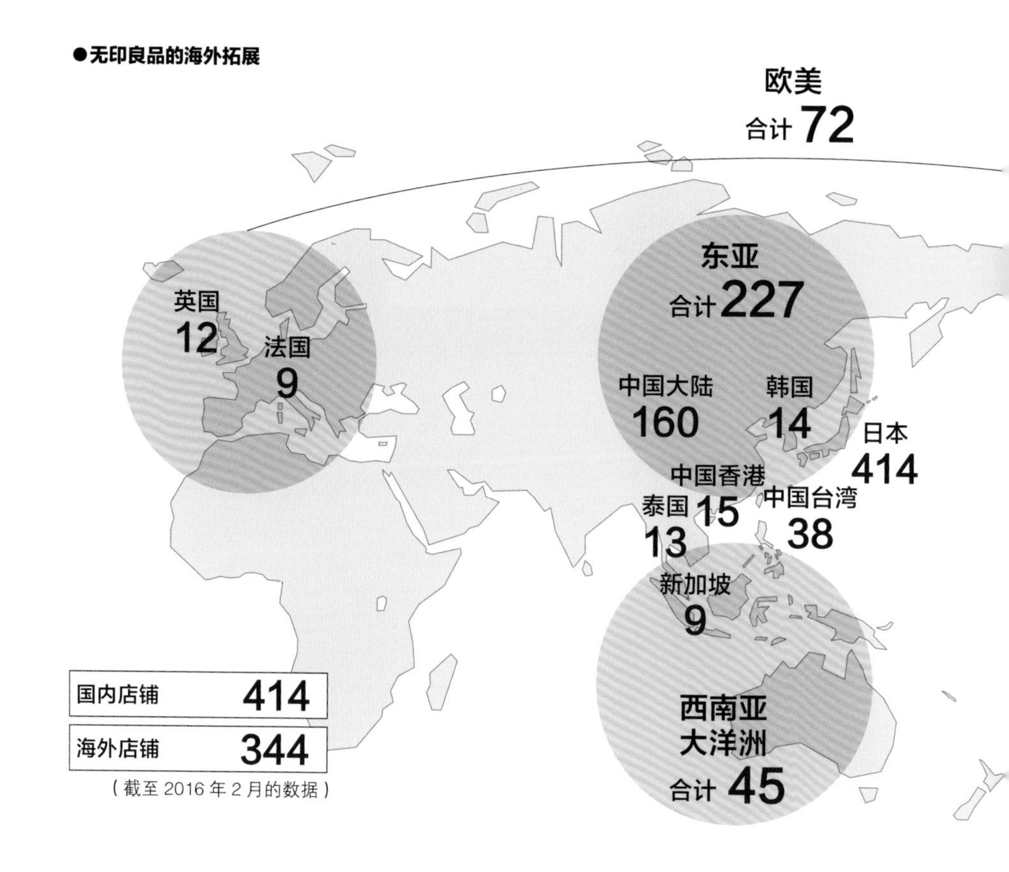

国内店铺	414
海外店铺	344

（截至 2016 年 2 月的数据）

“良品计划”着手运营的无印良品国际化拓展正高速推进。截止 2011 年 2 月，海外事业的销售额已经占总额的 11.6%（基于合并报表）。这一数据在短短 5 年内急剧上升，截止 2016 年 2 月，海外事业的销售额已经占总销售额的 35.5%。

就店铺数量来看，无印良品已经进入 26 个国家及区域，按照这样的发展趋势，再过几年，海外店铺的数量就会超过日本国内店铺的数量。无印良品正名副其实地转变为一个全球化品牌。

为对应这样的变化，无印良品现

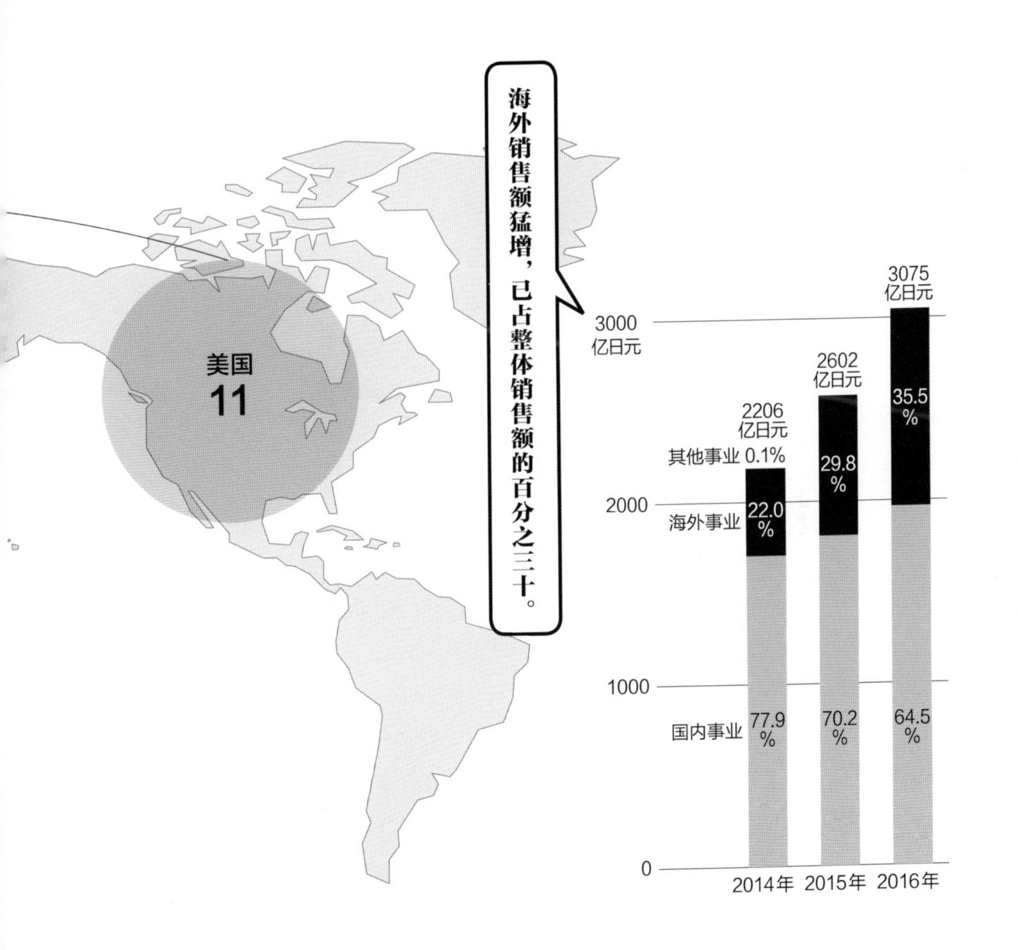

在强势推出的便是“Compact Life”这一概念。以无印良品擅长的收纳领域为主轴，建议人们灵活运用那些可以调整生活、不过度设计且具有通用性的商品群，实现简单又舒畅的生活。

1980 年诞生的无印良品始终在提倡的并非“这样才好”,而是“这样就好”这种有所克制地进行优选的思考方式。但是，这并非意味着放弃。通过重新审视材质、节省生产工序、简化包装等一系列合理且适度的商品开发，将“这样就好”当中的“就”的水平提升，以实现丰富的生活。这是存在于无印良品这一品牌根基中的思想。

也就是说，抱持不放弃的态度、充满自信的“这样就好”的生活方式，正是该公司一直以来传达的“感觉良好的生活”。

“感觉良好的生活”的背后，有充满自信的“这样就好”理念作为支撑，而这二者共通的前提，则是生活水平达到一定的成熟度。这需要生活者在体验各种各样的商品和服务时，能够依据自身所拥有的经验对其必要性进行判断。而近几年，这一阶层人群在新兴国家也达到了一定数量，开始崭露头角。面对这样的人群，为了将“感觉良好的生活”以更易懂的语言、更易于向世界传播，所选择的关键词则是“Compact Life”。

确立具体的方式

聚焦于“Compact Life”这一概念的直接契机，是无印良品在中国香港地区展开的活动。为了商品开发而活用的“Observation”这一对生活者进行“观察”的手法开始向海外拓展，在 2014 年 11 月首先在中国香港地区得以实施。那时，由日本公司派去的 6 人，以及中国香港地区分公司的职员 4 人参加了这一项目，分为两组在 4 天内对 20 个香港地区的普通家庭进行了“观察”。

结果让大家明白了一件事。“在被称为‘兔子小屋’的日本狭窄居住空间内，为了让人们能够拥有感觉良好的生活，无印良品可谓绞尽脑汁。而这种状况在中国香港地区如出一辙。”（生活杂货部企划设计室室长矢野直子）。土地面积狭小而人口众多的中国香港地区，居住状况比日本更严酷。每个家庭都是物品满溢的状态。

其实，差不多同一时期在英国伦敦也有类似的发现。无印良品得到当地大学生的协助，实施了观察项目，并将该项目与学生们的毕业创作相关联。结果，“选择如何在狭小空间内高效地收纳物品这一题目的学生占绝大多数”（矢野）。在伦敦，同样出于经济原因，选择居住在狭小合租屋的年轻人居多，让他们头疼的是如何有效地利用空间。

追根溯源，无印良品的强项便在于让有效收纳成为可能的“模块设计”。家具或杂货都按照相互间不会形成障碍、可以整齐放置在一起的尺寸进行制作。如何才能实现简洁的居住环境？在日本孕育出的实现感觉良好的生活的技能，在全世界的大型都市都是通用的——从这一发现出发，无印良品便决定将“感觉良好的生活”翻译为“Compact Life”，向全世界进行推广。

无印良品式的生活整理术，已经被作为具体方法提供给客户，它分为4个步骤（参考pp.14 ~ 15）。首先，从满溢的物品中挑选出真正必要的（Stage 1）；其次，考量有效收纳这些物品的“容器”（Stage 2）；再次，确定易懂的规则将物品收起来（Stage 3）；最后则是在整理完的简约空间内，放入自己喜爱的物品或表现个性的物品（Stage 4）。这便是无印良品提议的实现“Compact Life”的步骤。

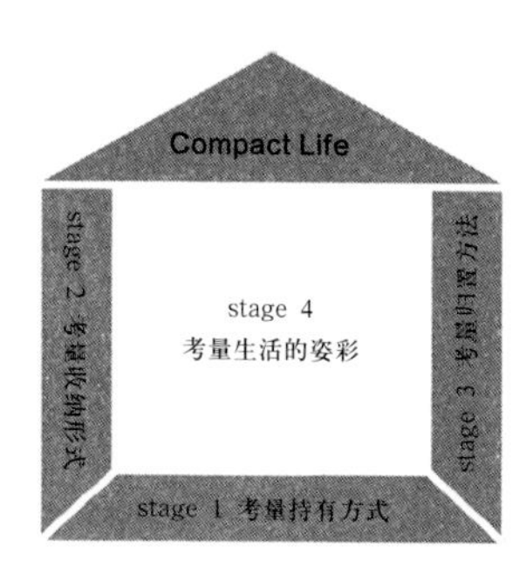

无印良品提出的“Compact Life”并非单纯的概念而已，它是由4个步骤组成的具体方法。

STAGE 1

考量持有方式

只持有真正必要的物品

Think about
your possessions.

Keep only what
is truly necessary.

STAGE 2

考量收纳形式

制定适合生活的收纳计划

Think about
the shape of storage.

Plan storage so that it fits
into your life.

STAGE 3

考量归置方法

事先设想如何使用，然后进行归置

Think about
how to store items.

Consider how items are used when
storing them.

STAGE 4

考量生活的姿彩

从季节的变换或珍爱的物品当中
感受生活的愉悦。

Think about
enriching your life.

Enjoy your life through changing
seasons and cherished items.

把握现状

拍下照片，客观地进行判断

Evaluate

Take pictures and look for unnecessary items.

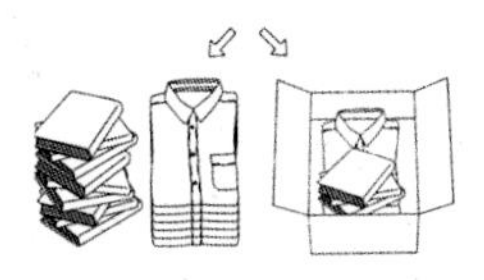

选择辨别

将物品全部拿出来，
只留下心动的物品

Sort

Take out everything and keep only what excites you.

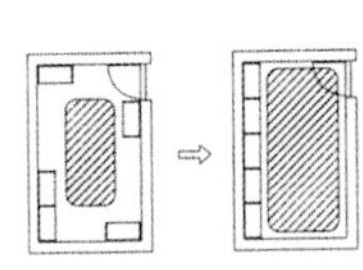

空间分布

将收纳家具统一在一个地方，
扩大自由的空间

Layout

Gather items in one place to create open space.

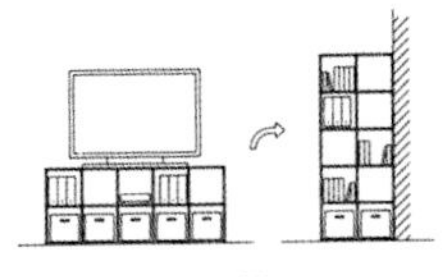

通用性

选择尺寸或用途都可以
改变的收纳家具

Stay flexible

Choose storage that allows for change in size and use.

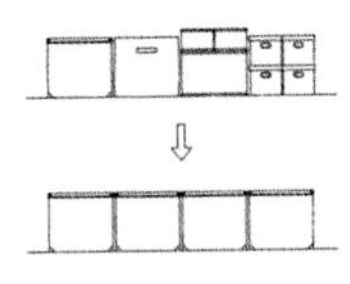

统一规格

去掉杂乱无章、高低不平、
分散凌乱的收纳家具

Organize

Eliminate mess, imbalance, and disorganization.

分类规整

按照使用者、目的、场所
进行分类整理

Arrange

Organize items by user, purpose, and place.

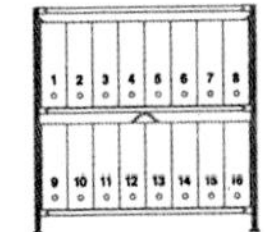

归置

按照使用频率、目的进行整理，
最后贴上标签

Store

Store by frequency and purpose, and lastly, label.

Compact Life

以适度的设计和通用性高的商品对生活进行调整，展现居住者个性的“感觉良好的生活”便实现了。

Plan your life using efficient design and highly versatile products. Achieve a simple, pleasant life that lets your personality shine.

●无印良品的提案

“感觉良好的生活”

全球化开展

“Compact Life”

以 收纳 为

核心的生活提案

“Compact Life”是以无印良品原本就擅长的收纳为基础的生活提案，同时也是实现这种生活的具体方式。活用各种收纳家具，并添置各种设计适度、具有通用性的商品，对生活和居住空间进行调整。照片为使用无印良品家具的收纳实例。

4 TH. ST.

"生活设计"的提案

具有更多职能的家具搭配顾问

无印良品强化了对认真生活方式的提案。
奋斗在"生活设计"最前线的，便是家具搭配顾问（Interior Advisor，IA）。
无印良品的人才教育也在不断进化中。

将"Compact Life"向世界拓展，正体现了无印良品想要将事业的重心移至"对生活方式认真进行提案"。无印良品从创立之初便一直坚守"材质的选择""工序的重新审视""包装的简化"这三大原则，开发了各种合理且简约的商品。

这种适度且简约的商品设计，为无印良品吸引了众多"粉丝"。商品从小件杂货到衣服、食品，再到家具等，种类可达7000种。

尽管如此，当把眼光投放到海外市场之时，无印良品"贩售小件杂货的形象依然过于明显"（生活杂货部企划设计室室长矢野直子）。将这个形象转变为"对生活和居住空间的设计进行提案的无印良品"，其推动力可以说正是"Compact Life"。

如果说，迄今为止的无印良品是以独自的价值观为基础，认真细致地设计一件件商品并提供给顾客的话，那么现在无印良品正是想要更上一层楼。如何灵活应用商品、对商品进行配置组合才能实现顾客构想的生活，现在的无印良品不仅停留在硬件层面，还要向顾客提供包含软件层面的生活方案，并对此加以强化。

此时最首要的问题，便是提升直接应对顾客的店面工作人员的能力。特别是必须要提升他们提供室内设计相关方案的能力。为应对这一问题，无印良品现在正加大力度增加家具搭配顾问的人员数量，并让他们的能力进一步提升。

IA接待客人的情景。2015年9月，趁翻新改造之际，无印良品有乐町店新设了"有乐町翻新中心"。员工可以在宽敞的柜台上接待顾客。

インテリア相談カウンター
法人受付カウンター
Corporate Service

●无印良品IA制度概要

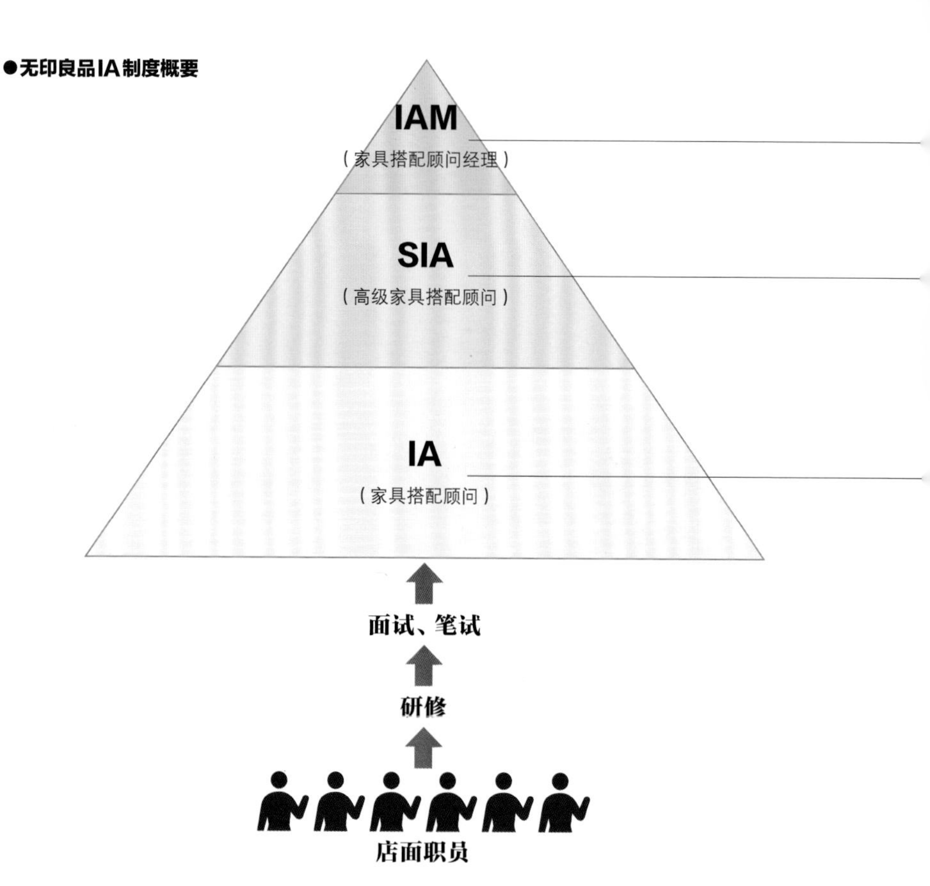

无印良品在2004年便导入IA制度。现在日本全国共有92人，海外则优先在中国香港地区开展，现在中国、韩国、新加坡共计36名IA在职，无印良品还计划进一步在国内和海外扩充人员。

计划家具搭配顾问100人体制

要成为IA必须先在公司内部考核（面试、笔试）中取得合格成绩。合格率为每半期10人，可谓相当严格。为了让职员对IA这个职位产生更大的兴趣，公司内部还施行室内装饰相关的研修项目。研修设置为每半期3天课程。每天的研修项目分别为“睡眠（卧室）”“坐（起居室、餐厅）”“归置（收纳）”这3个主题。据说每次研修的参加人数约为70人左右。

9人

职责为IA的管理及向公司外部传播信息。

10人

2016年新设职位。全国10个区域各配置1人，担负IA的教育工作。

日本92人
海外36人（中国［含大陆及港澳台地区］、韩国、新加坡）

对应各店铺顾客关于室内设计的咨询（举办室内装饰咨询会等）。

IA准备在早期便形成100人的团队，海外的IA人员也正在急速增加。现在IA相关研修是在日本进行，将来则考虑由海外子公司独自开展。（人数为2016年2月数据）

IA培训的情景。职员在成为IA后每半年会做一次技能提升培训，专注于专业水平的维持与提高。

●常规3D模拟

●高精度3D模拟

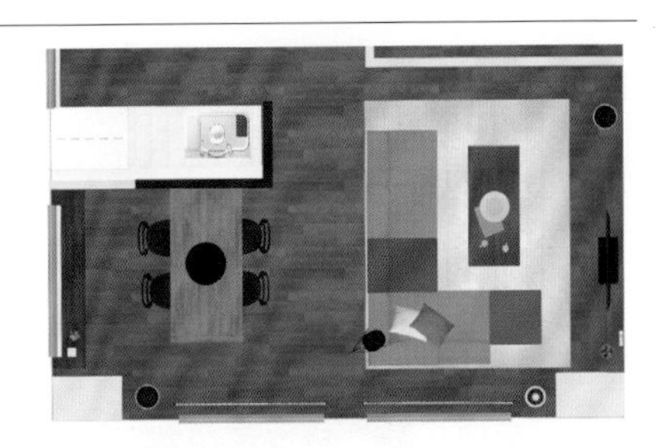

使用“无印良品网络商店”的 3D 情景模拟，当天就可以提供房间的配置方案。

一部分可以对应法人案例的店铺会灵活使用更逼真的 3D 模拟。

无印良品当下的目标是在日本国内形成 100 名 IA 的团队规模。为了实现这一目标，2016 年新设了 IA 的上级职位“高级家具搭配顾问”（SIA）。无印良品在全国的店铺可以划分为 10 个区域，每个区域都配备 1 名 SIA，负责该区域的 IA 教育培训。

在这个职位之上，还设有“家具搭配顾问经理”一职，负责全体 IA 的管理，以及面向公司外部的信息传播。IAM 还负责办公室设计的相关咨询等面向法人的服务，现在共有 9 名。由于无印良品逐步稳定地形成了 IA、SIA、IAM 的体制结构，“办公室及住宅翻新这样的领域，有一定社会需求，无印良品却一直未涉及，现在终于得以开拓”（IAM 横山宽）。

为了在操作系统方面支持 IA 的工作，店铺备有两种 3D 模拟系统。一种是在举办室内装饰咨询会时，所有店铺都能使用的“无印良品网络商店”上的模拟系统。另一种则是仅在“无印良品有乐町店”或“MUJI Canal City 博多”等主要店铺设置的高精度模拟系统。IA 会一边听取前来咨询的顾客的希望，一边使用这些模拟系统，对家具进行选择和配置，提供居住空间的设计方案。

IA 制度的成果也可以通过数字来

衡量。据说，IA 接受的咨询数量已经达到每年 3 万次，其中大约六成是关于收纳的问题，有着鲜明的无印良品风格。每次咨询的收费标准约为 16 万日元。

社长松崎晓也对 IA 制度寄予厚望，他说道：“2015 年度的 IA 销售额大约为 42 亿日元。2016 年度销售部门的目标是将这个数值提升至 50 亿。”

开拓翻新业务

IA 在开拓新业务方面也起到了重要作用。

2015 年 9 月，无印良品在整修一新的无印良品有乐町店中新设了空间翻新的综合受理窗口“有乐町翻新中心”。无印良品与其关联公司 MUJI HOUSE 合作，在限定地区开始面向个人用户提供翻新相关服务——“MUJI INFILL 0”。MUJI HOUSE 的“INFILL 0”一直以来是为法人提供施工服务，累积了诸多实例，而这是首次面向个人用户提供服务。为这一服务提供信息支持的，便是无印良品的 IA 体制。另外，无印良品针对空间翻新，特别提供厨房、地板、门把手等家具及零部件的商品群“MUJI INFILL+”（MUJI INFILL PLUS），这些商品的开发也得益于 IA 的见解。

IAM 横山提到：“IA 的作用便是向人们提供感觉良好的生活提案。相较于销售商品，更为重要的是倾听顾客的话。”他还认为：“首先要仔细倾听顾客的需求，在这个基础上，为顾客提供建议，比如哪些东西是必要的，选择怎样的物品比较好，等等。如此一来，销售额随后自然而然就会增加。”

IA 们在接待各种顾客的过程中所积累的经验，对无印良品今后的发展而言，是一笔巨大的财富。实现感觉良好的生活的方法当中，除了已有的以收纳为主轴的思考方式，今后还会有“绿色植物”“厨房”等主题陆续推出。

为了让人们知晓IA的存在积极开展各种活动

为了进一步开拓空间翻新的相关业务，无印良品在主要店铺积极举办咨询会、讨论会和讲座等活动。这也是为了让人们对无印良品所追求的“感觉良好的生活”“Compact Life”产生更大的兴趣。此外，人们并未充分认知到无印良品店铺中IA的存在，也不知道他们对于室内装饰或收纳等可以给予建议，举办这些活动也是希望能达到告知、传播的效果。

2016年1月11日，在无印良品有乐町店举办的“让生活整洁的收纳讲座”共有19位顾客参加，从年轻女性到中老年人，还有带着小孩的夫妇，涵盖了各个年龄层。

讲座持续了大约一个半小时，介绍了无印良品以收纳为中心的生活提案，还用图像展示了使用“Compact Life”方式进行家居配置的员工家中的实际案例。此外，现场还实际演示了就连女性也能简单地组装起来的无印良品收纳家具，以及依据模块设计而成的收纳架是如何准确无误地收纳篮筐的，等等。参加者还提出了一些具体的问题，如“无印良品的收纳家具与其他公司的商品有何不同”，IAM和IA们则细致认真地一一作答。

无印良品有乐町店举办的“让生活整洁的收纳讲座”现场。

（照片：丸毛透）

支持“Compact Life”的商品开发

以“1+1=1”的理念制造崭新的基础款商品

“Compact Life”的提案所不可欠缺的是新的商品群。
无印良品为了制作出新的基础款商品，
以“1+1=1”的理念加速开发。

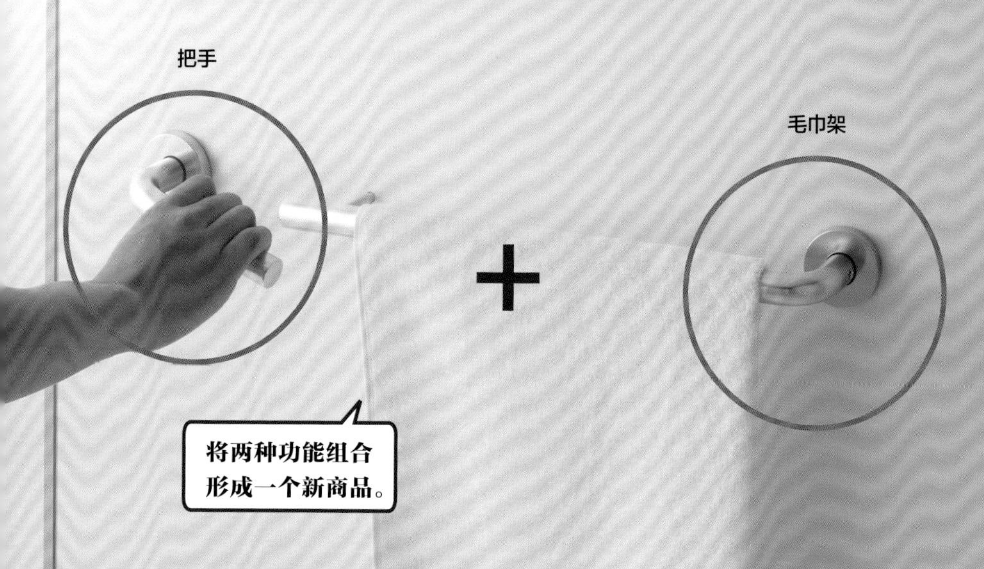

用来支撑“Compact Life”的“适度的设计 × 具有通用性的商品”，其新的开发理念便是“1+1=1”。目前该项目已经完成了 15 件商品样品，从 2017 年开始准备陆续推出销售。这些商品还会作为象征“Compact Life”思考方式的一个商品群，被纳入同一年度开始的为期 3 年的中期事业计划当中。

简单来讲，“1+1=1”的理念便是将两种功能统合成为一件新商品。

比如，这些样品中有将门把手与毛巾架结合在一起的商品，将毛巾挂在架上，同时架子也可以作为门把手使用；有在水壶的壶身上添加除湿功能的商品；有将瓷砖与墙上插座结合的商品，在插座上增添传感器，当有

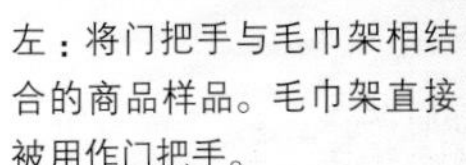

左：将门把手与毛巾架相结合的商品样品。毛巾架直接被用作门把手。
右：将洒水壶与除湿器一体化的商品样品。主体部分内含除湿机，将空气中的水分除去后收集到壶中，用来浇灌植物。

人走近时 LED 便会点亮；另外还有投影仪与组合架、冰箱与组合架一体化的商品。将各种功能整合在一起的想法，让新商品开发的可能性不断扩大。

“曾经的商品开发也有过类似的概念，但却没有明确地意识到‘1+1=1’这一理念。这一理念背后，是回到无印良品商品开发的原点，再次审视商品开发的想法，而非简单地将现有的商品装扮一新。这些商品尚处于试验阶段，还有很多地方需要改进，希望今后能够成为新的基础款商品。”（矢野直子）

每个人提出 50 个点子

“1+1=1”这一理念诞生的契机是 2014 年 11 月无印良品在中国香港地区实施的观察活动。在调查结果中，“Compact Life”这一关键词被提出，而使其具体化的理念便是“1+1=1”。

2015 年 7 月，负责商品开发的生活杂货部企划设计室开始将其商品

能够提供崭新生活方式的商品

厨房用组合架与冰箱相结合的试作品。打开架子中央下半部分就是冰箱。

化。所属的21名设计师原本分别负责针织品、家居用品、文具等类别，而此次每个人不限于商品类别地提供了四五十个创意。之后，团队收集了大约300个点子，并邀请商品规划员一起，用贴标签的方式对每个创意商品的手稿进行甄选。在这个过程中，即使是标签较少的创意，只要让人感到有一定可能性，便会重新加以讨论。经过几轮的审视，通过这样的程序，最终可以进行初次试做的，只有15个创意。今后的关键便在于如何将这些样品商品化，以及如何宣传“1+1=1”的理念，吸引用户。

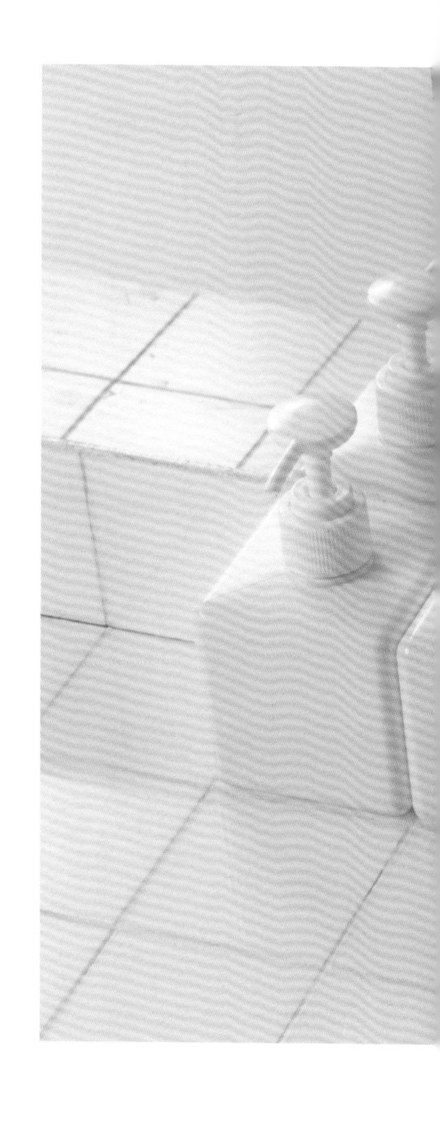

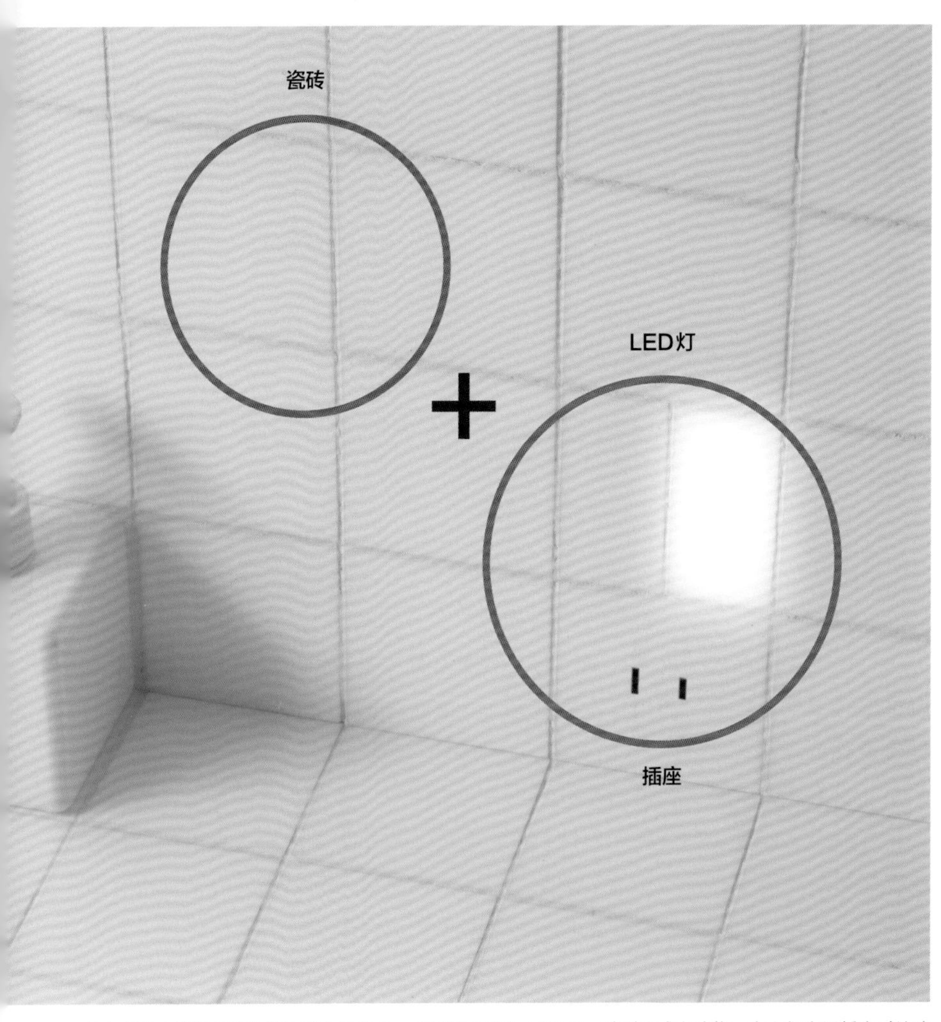

从在瓷砖上附加插座的创意诞生的样品。在瓷砖中嵌入LED灯，并利用感应功能，在人们靠近插座时让这个区域有光亮。

无印良品打造的办公室

“办公场所，同样感觉良好”

**以“办公场所，同样感觉良好”作为关键词，
开始提案打造前所未有的办公环境，
还开发了使用日本产木材制造的办公家具。**

打造无印良品的“良品计划”与内田洋行携手，启动了利用日本产木材建造面向法人的办公家具的业务，并公开发售了4款共同开发的办公家具新产品。无印良品拥有关于收纳的技术知识与“感觉良好的生活”的策划能力，内田洋行则具备办公室设计的综合实力，二者将各自擅长的能力相结合，共同提出了使用国产木材的办公室打造方案。

无印良品一直以来都是以个人用户为对象，提供设计简约且兼具功能性的商品及相关服务，并因此受到大家的喜爱，而现在则开始准备进一步强化面向法人的业务。内田洋行则想要进一步应对客户需求，为那些不满足于传统办公家具的客户提供服务。

例如，在企业及教育机构中，会议室及休息室等沟通交流场所，都对设计提出更高的要求。为了实现舒适的感受，运用木材的方法得到了普遍关注。而另一方面，政府为了扩大国产木材的需求量，2010年制订了《公共建筑物等木材利用促进法》，这也显示出，政府同样在积极推进国产木材的使用。

这次，两家公司共同开发的办公家具包括组合架、会议桌、办公桌、长凳这4种。这些商品的共同特征是

利用国产木材制作的办公家具所实现的办公环境。桌子的面板、远处的组合架搁板等人手会接触的部件都使用了以国产木材制造的木制中空板。架子的尺寸则根据无印良品的收纳用品尺寸而设计。办公室内充满了天然木材的香气。

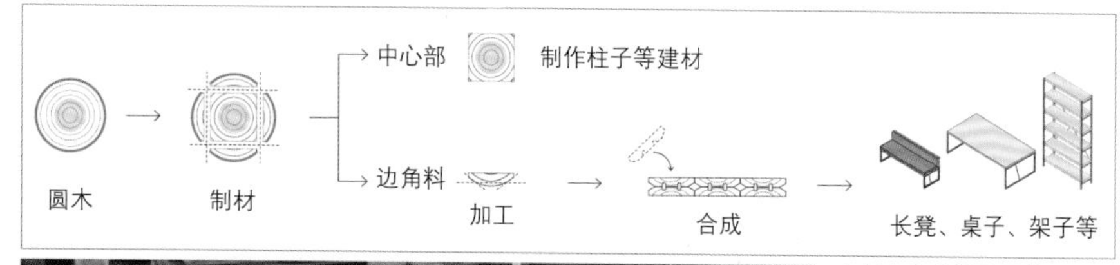

木制中空木板取用的是天然木的中心部制成方木后多余的边角料。为了保持林业可持续发展，开拓国产木材的需求是紧迫的课题。

均使用了“木制中空板”，这是由将国产杉树切成方木时产生的边角料所制成的板材。这种边角料以往仅被用来制作一次性筷子、木片、燃料等，而现在它们得到了有效的利用。

组合架则与无印良品的收纳相关商品配合进行设计，同公司出品的文件盒、树脂收纳盒等大小都恰好能放进架子。除了收纳用品之外，办公室内还装点了无印良品的照明灯具、绿色植物，与书籍的相互搭配也非常适合。以“办公场所，同样感觉良好”为关键词，两家公司联手设计出了从未有过的办公环境。

新品发布会上的反响很好，两家公司会继续考虑增添可选部件。

"感觉良好的生活"的新提案

三位设计师打造的MUJI HUT

由无印良品提出的令人愉悦的新提案。
周末，远离都市喧嚣，在自然中嬉戏——为此而特别打造的小屋。
由世界级设计师打造的MUJI HUT即将商品化。

无印良品为了提倡"感觉良好的生活"，从杂货到衣服、食品，甚至连住宅都有所涉足。其信念便是持续制造每日生活中所必需的物品。反过来说，绝不制造生活中所不需要的物品，这种态度是非常鲜明的。

这样的无印良品在2015年披露了新商品的雏形。它并非普通住宅，而是小型的、简朴的小屋。这便是"MUJI HUT"。设计者是享誉世界的深泽直人、贾斯珀·莫里森和康士坦丁·葛切奇三位。

为什么是小屋呢？可以说这是无印良品对时代变迁、生活者的变化，以自己的方式进行确切把握的产物。

在日本，无人居住的"空巢"与日俱增。有的人以低价购入或租下这些房产，按照自己的喜好进行翻新，巧妙地在此生活，休息日则去往郊外亲近大自然。这种生活方式得到了以年轻人为主的人群的拥护，并且正在慢慢扩散。

可以说这是如今这个时代"感觉良好的生活"的一种样式。无印良品已经开始提供住宅翻新的商品和服务了。那么更进一步，为了让人们在郊外亲近自然，也可以试着做出小屋的提案吧。MUJI HUT便是源自于这样的联想。

无印良品对三位设计师并没有提出特别的条件，而是让他们自由地进行设计，除了单独对葛切奇提的一个要求，希望他在"10平方米以内"设计小屋。MUJI HUT现阶段还是商品雏形，无印良品计划对其加以改良，争取在2016年度内将其商品化（现已商品化——编注）。

"一个人待着""享受读书的乐趣""一家人一起亲近大自然"——无印良品提倡的感觉良好的生活，会以这种新的形式出现，引人注目。

上：木之小屋——深泽直人设计。这是供两人使用时恰到好处的空间大小。漆成黑色的杉木材与黑色的外屋檐是特色。下：内部全部使用木材的简洁设计。窗户很大，具有开放感。

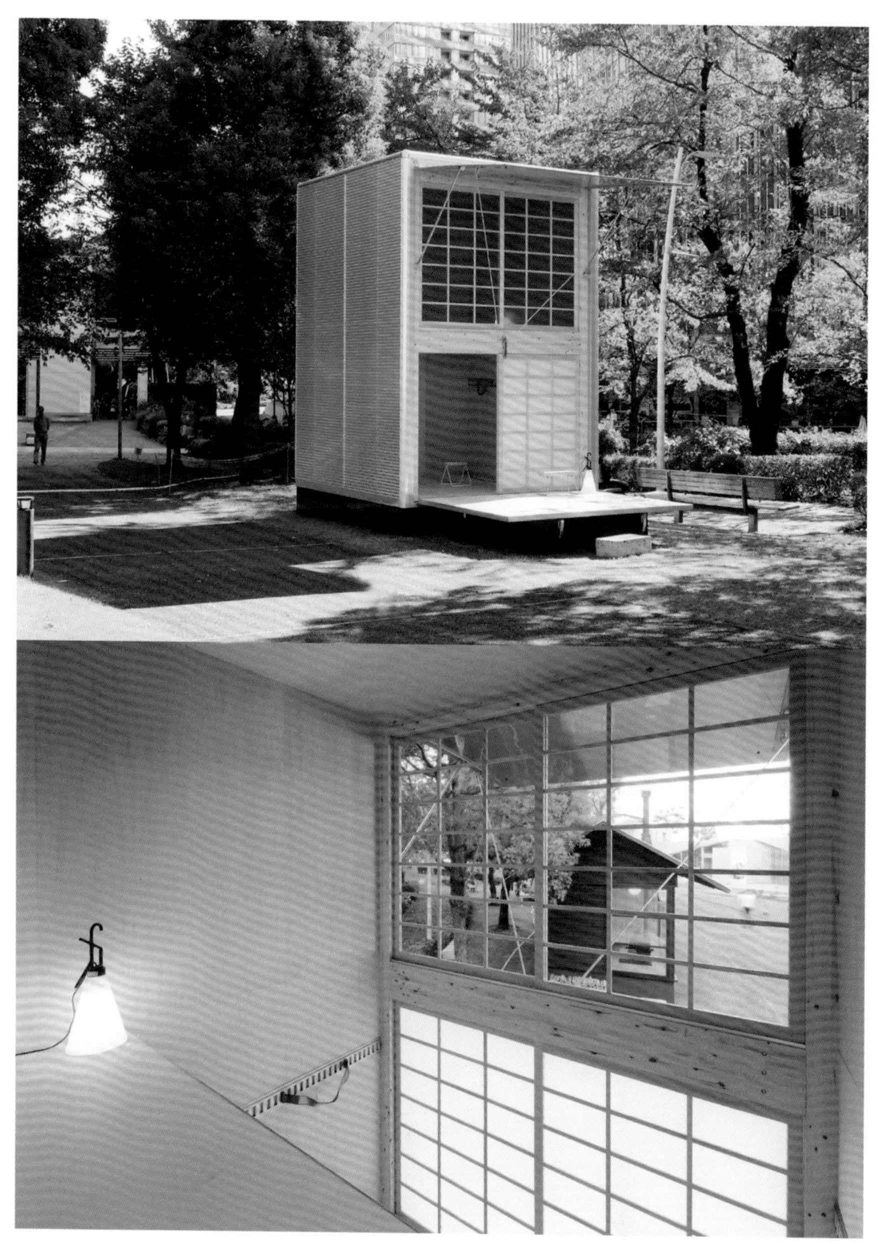

上：铝之小屋——康士坦丁·葛切奇设计。利用实际使用中的卡车车厢零部件和技术。下：内部天花板较高，设计为跃层式，让人意外地感到宽敞。

上：软木小屋——贾斯珀·莫里森设计。MUJI HUT 项目中最大的一间小屋，宽阔的围廊拉近了人们与自然的距离。下：内部铺上了榻榻米。周末，一家人可以悠闲地在这里休息。

MUJI COMPACT LIFE IN HONGKONG

在中国香港地区举办的收纳主题展示会

“Compact Life”这一理念，完全适合中国香港地区的情况。
无印良品在香港地区举办的展示会大获好评。
在这里，无印良品的家具搭配顾问大显身手。

作为“Compact Life”全球化推广的一环，无印良品于2015年11月配合香港设计周举办了“MUJI COMPACT LIFE IN HONGKONG”展示会。无印良品的工作人员对香港普通家庭进行了考察，在此基础上，听取来自住户的各种不满和需求，对空间翻新做出提案。这次展示会发表了这些实际施工的案例。为期10天的展会备受瞩目，也接受了不少当地媒体的采访。

翻新的住房选自于20个被考察的家庭。在40多平方米的房间里，住了3位家庭成员。对于“对现在的生活感到烦恼的事情”“喜欢的东西”“理想的居住空间”等问题，中国香港地区无印良品与日本无印良品的工作人员一起听取了住户的想法。以住户的希望为本，无印良品全面活用了自社的收纳技巧及收纳家具，将空间整修一新。

这个项目对于“Compact Life”具体方案的确立有着重要作用。“这个项目在工作人员中得到了广泛讨论。‘感觉良好的生活’具体来说究竟是什么等问题，都得到了讨论。”（生活杂货部企划设计室加藤晃）在此获得共识的是：“感觉良好”也许因人而异，无法一言以蔽之，然而“感觉不好”则是彼此之间共通的感觉。

在中国香港地区举办的“MUJI COMPACT LIFE IN HONGKONG”展示会，当地媒体纷至沓来，专注地进行采访。

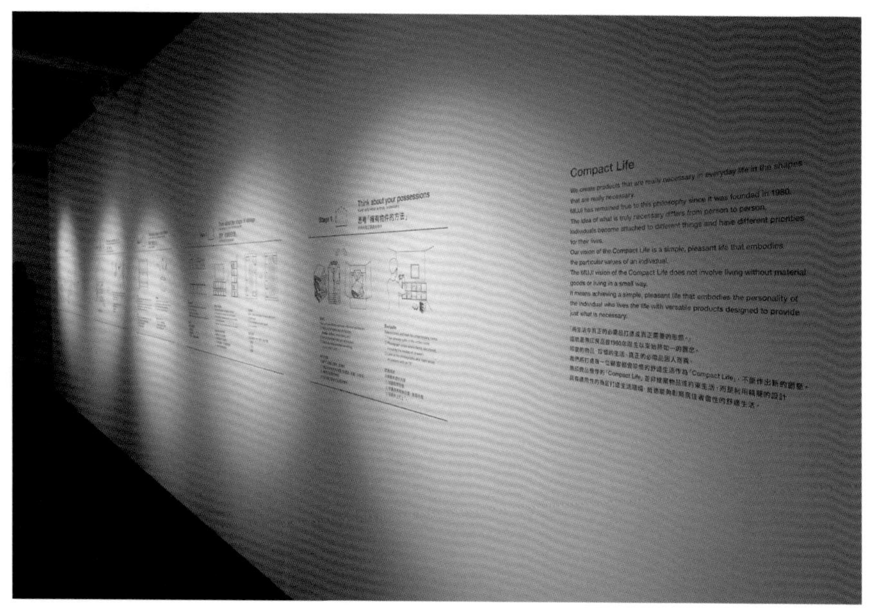

“MUJI COMPACT LIFE IN HONGKONG”展会对 Compact Life 的方法进行了介绍。无印良品认为，以“收纳”为核心的生活提案会在世界范围内得到认可。

家里散乱一团，或者必要的东西一时找不到，等等，解决这些令人感觉不好的问题，不正是无印良品的价值所在吗？就这样，工作人员的意见得到了统一。

另外，“这个项目还有一个目的，就是提高香港地区家具搭配顾问的整体水平”（无印良品家具搭配顾问新井亨）。当地的无印良品工作人员在翻新对象的家庭成员与日本工作人员之间搭起了桥梁，让彼此得以沟通无碍，在这一过程中，“日本的‘Compact Life’的技巧很好地共享给了当地的工作人员”（新井）。

翻新后的房间与之前的房间完全不同，以简洁的形象重新焕发光彩。当地的杂志也对此大量登载，这对无印良品的形象提升也有很大帮助。

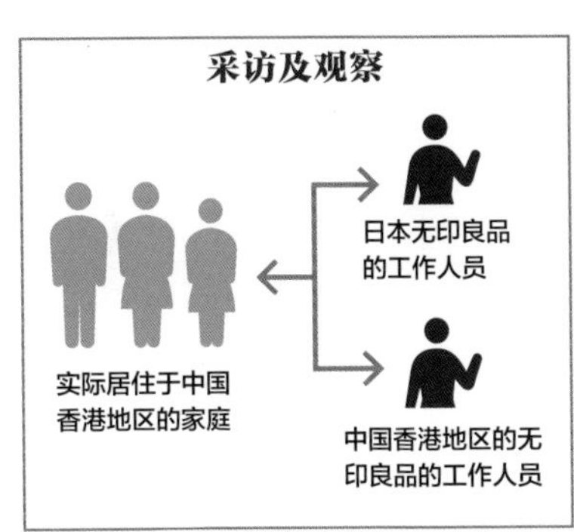

无印良品请实际在香港地区生活的三口之家协助，在观察和采访的基础上实施了翻新。

翻新前房间的样子

无法很好地收纳，狭小的空间内堆满了东西。鞋柜里放不下女儿收集的鞋子。

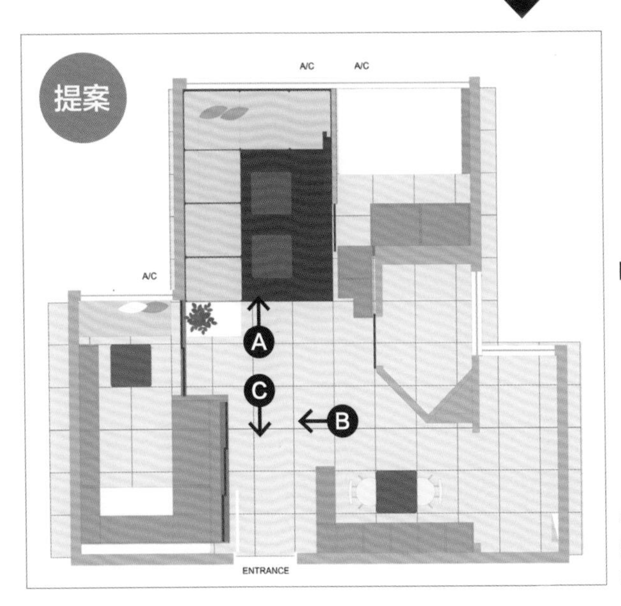

根据采访结果，由无印良品提出翻新方案。方案中配置了许多靠墙的收纳家具，让空间显得更宽敞。

After

A

翻新后房间的样子

A：家庭成员最喜欢的起居室空间变得整洁清爽。

B：女儿收集的鞋子能够整齐地收纳起来。

C：从起居室望向玄关处，右手边是女儿的房间，左前方是夫妇俩的房间，玄关旁是餐厅。

B
C

采访

中国，而后美国——无印良品的世界拓展

松崎晓从2015年5月开始担任“良品计划”的代表取缔役。
2016年2月当期的销售额约为3000亿日元，其中海外销售额已经超过1000亿日元。
本采访主要关于无印良品的海外拓展。

Q：在海外并没有做市场调查吗？
A：只要功能切实、设计优秀、价格合理，便能在世界范围内畅销。

松崎：我们在进入海外市场时，并没有做相应的市场调查，也从来没考虑过“这里大约会有很大的一个顾客群，所以进入这个国家的市场”。因为我们所提供的商品并非特殊的日子才使用，而是日常所需的物品，人们早晨起来便会无意识地去使用它们，只要有切实的功能、优秀的设计、合理的价格，便能在全世界畅销，我们便是抱着这样的信念。

Q：海外的无印良品是定位为高端品牌吗？
A：完全没有追求高端品牌这样的定位。

松崎：当然，由于各国经济发展阶段不同，也会有人将无印良品当作高端品牌。

但是，我们从未追求高端品牌这样的定位，相反，我们认为无印良品不该变成高端品牌。因为无印良品原本就是为了抵抗品牌文化而出现的。省去不必要的功能，力求以合理的价格提供给顾客，并让人们在日常生活中使用，这是我们追求的极致。归根到底，与生活紧密关联才是我们的定位。

但是，还是要等人们在拥有的东西丰富到了一定程度以后，才会觉得“哦，原来这样就好”，并意识到商品的本质，由此才真正开始明白无印良品的好。这是最重要的。

也许是源自于1980年的广告语“便宜，源自合理”，价格合理性已成

良品计划

代表取缔役社长（兼）执行役员

松崎晓

Matsuzaki Satoru ● 1954 年生于千叶县。1978 年毕业于中央大学法学部。同年进入西友商店（现为合同会社西友）。2005 年进入“良品计划”（海外事业部亚洲地区担当部长）。2015 年起担任现职。以海外事业部亚洲地区担当部长的职位进入公司，曾任香港子公司董事等。长时期负责海外业务。现在的海外业务则分为欧美业务部、东亚业务部、西南亚 · 大洋洲业务部这 3 部分。

（49、56 页照片：谷本隆）

只要有切实的功能、优秀的设计、合理的价格，便能在全世界畅销。

松崎晓

为非常重要的因素。在海外销售的商品会产生关税、物流费等，导致价格无可避免地要高于日本国内。但是，无印良品并未满足于现状，而始终以世界规模来衡量，重新审视商品价格。在中国，我们也提出“世界品质，中国价格”的标准，持续不断地对价格进行调整。最终，只要没有什么制约，我们希望海外能够以与日本同等的价位出售商品。

Q：日本与海外的热销产品会有所不同吗？
A：人气商品是一样的。无印良品的价值在世界上具有普遍性吧。

松崎：现在，赴日旅游的中国游客越来越多，中国和日本的热销商品基本上没有区别。舒适沙发在全世界都很畅销，超声波香薰机、不易沾水棉运动鞋，以及手提式文件盒等文具用品，都是畅销产品。因为我们提供的产品是简约的，这种价值在世界范围内具有普遍性。但是，各个国家或地区也会有不同的生活习惯。举个比较极端的例子，水壶在中国的销售排行榜上进入了前10位，但是中国人喜欢使用的水壶尺寸是日本的两倍大。我们今后会对容量与尺寸进行本土化的改良。

Q：商品的本土化将从何时启动呢？
A：现在的目标是从2017年以后开始。

松崎：现在，商品尺寸等的本土化措施尚未开展。2014年度至2015年度的中期事业计划主要以打造全球化体系为目标，通过世界统一的商品体系实现效率化。而在下一阶段，我们准备分别对应各个国家的情况。例如像“生活的良品研究所”这样，在网络上与顾客取得互动、沟通，这种机制有必要在每个国家进行推广。

另外，市场调查及公共关系基本是通过店铺进行的。非常值得庆幸的是，店铺的工作人员中有很多都喜爱无印良品，由他们面对顾客，倾听顾客的声音，并在此基础上利用“生活的良品研究所”这样的体制吸收、接纳这些意见。

要实施本土化策略，最合适的便

是从中国开始吧。我认为届时可以将对中国的生活生计拥有判断力和见识的当地顾问组织起来。课题还有很多，在2017年度我们要继续努力。

Q：除了中国，无印良品最为重视的国家是哪个呢？

A：美国。

松崎：从现在海外业务部门的绩效来看，中国（包括大陆与港澳台地区）、韩国等东亚地区的销售额、收益占据了总量的大半并稳步增长。现在准备在中国的主要城市，包括北京、广州、深圳等地，开设世界旗舰店。中国香港地区的店铺面积超过1000平方米，中国台湾地区和韩国也都已经开设了旗舰店。在这些国家和地区，今后准备以一年一两家的频率开设店铺，但是并没有开设大型旗舰店的打算。

另一方面，针对西南亚·大洋洲区域，我们想要尝试在新加坡开设世界旗舰店。

另外，排在中国之后的拥有巨大市场的便是美国。现在，欧美业务部的销售额位居第一的是英国，2007年在百老汇SOHO开设美国1号店后，美国已经攀升至欧美业务的第二位。

美国是世界最大的零售市场，特别是纽约，世界各地的人们都会到此购买商品。从吸引顾客的能力和顾客购买力来看，排在中国之后的就是美国了。2015 年，我们在斯坦福设立了店铺，首次入驻购物中心，接着又顺利地在纽约第五大道开设了超过 1000 平方米的旗舰店。以此作为验证，我们认为现在可以积极地进入美国市场了。

Q：人才教育方面也会相应地发生变化吗？

A：准备进一步提高家具搭配顾问的能力。

松崎：对生活方式进行提案，原本就是无印良品的商业模式。无印良品真正追求的并非售卖单件商品，而是最终能够对生活方式整体做出提案。在这样的宗旨下，无印良品着力于提供生活场景，是销售包含翻新与收纳方案在内的商业聚合体。

当然，培养公司职员以应对顾客要求，这也是不可欠缺的。因此，要强化对家具搭配顾问，以及他们的指导者家具搭配顾问经理的培养。2015 年度下半期，家具搭配顾问的销售额达到 22 亿日元，2015 年度总销售额达到 42 亿日元。

2016 年度，销售部门的目标为 50 亿日元。为此，要进一步强化教育机制，培养工作人员的能力。

●无印良品海外新设店铺数量

西南亚·大洋洲：新加坡、马来西亚、泰国、印度尼西亚、菲律宾、科威特、阿拉伯联合酋长国、澳大利亚

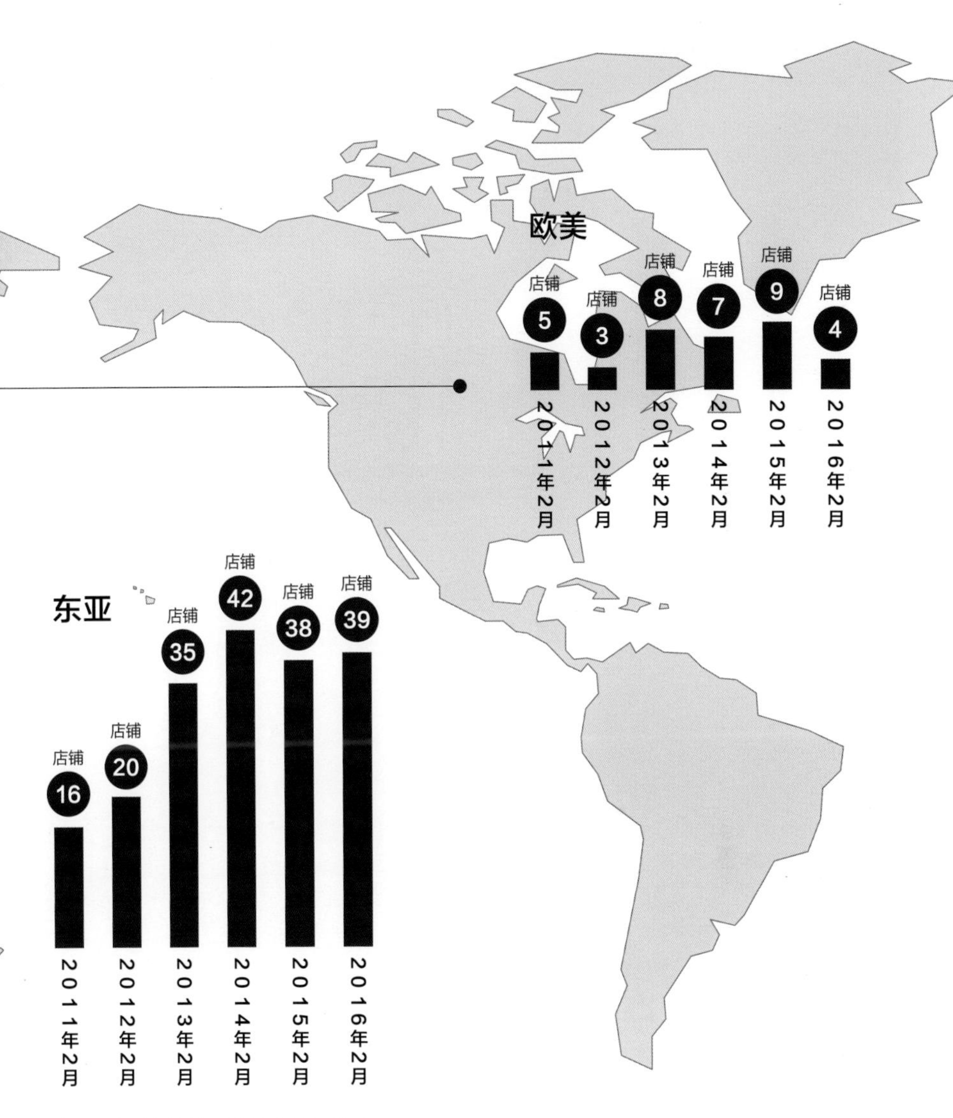

东亚：中国（大陆及港澳台地区）、韩国

2015 年 12 月，在上海的淮海路商业街开业的“无印良品 · 上海淮海 755”，是在中国面积最大的无印良品世界旗舰店，并且是上海首家附设“Café & Meal MUJI”的店铺。开业之后，连续多日都要排队进店。

第
2
章

进化之二
Micro Consideration

无印良品所制造的是每日生活不可或缺之物。
时常审视这些物品，
结合时代发展，不断打磨。
这就是无印良品的“Micro Consideration”。

附脚床垫

即使外观保持不变，内容物也在不断进化

无印良品的长销商品，在不可见的地方持续进化。
即便顾客没有留意到，也会不断打磨基础款商品。
这恰恰是无印良品之所以为无印良品的关键所在。

无印良品众多商品的共同点在于，没有多余的功能，摈弃华美的设计，只萃取真正必要的本质。看透本质的“眼力”，就成为了“Micro Consideration”，即关注细微之处的细微视角。切实地打磨基础款商品并不断改善开发手段，才最能彰显无印良品特色。拥有人气的各种长销商品，便是来自于“Micro Consideration”。

附脚床垫也不例外。为了提高睡与坐的舒适度，以及维护的简便性，对不可见的部分反复进行改良。

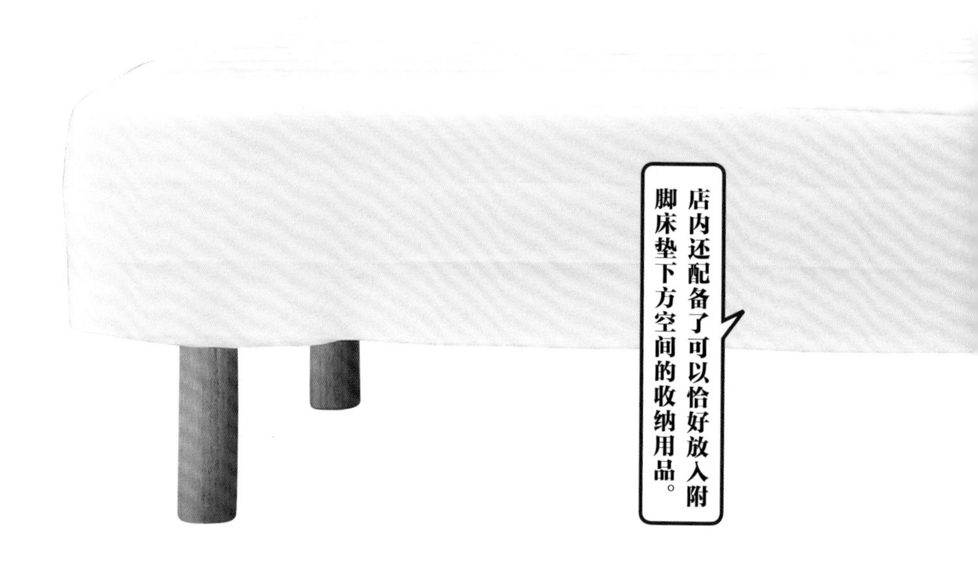

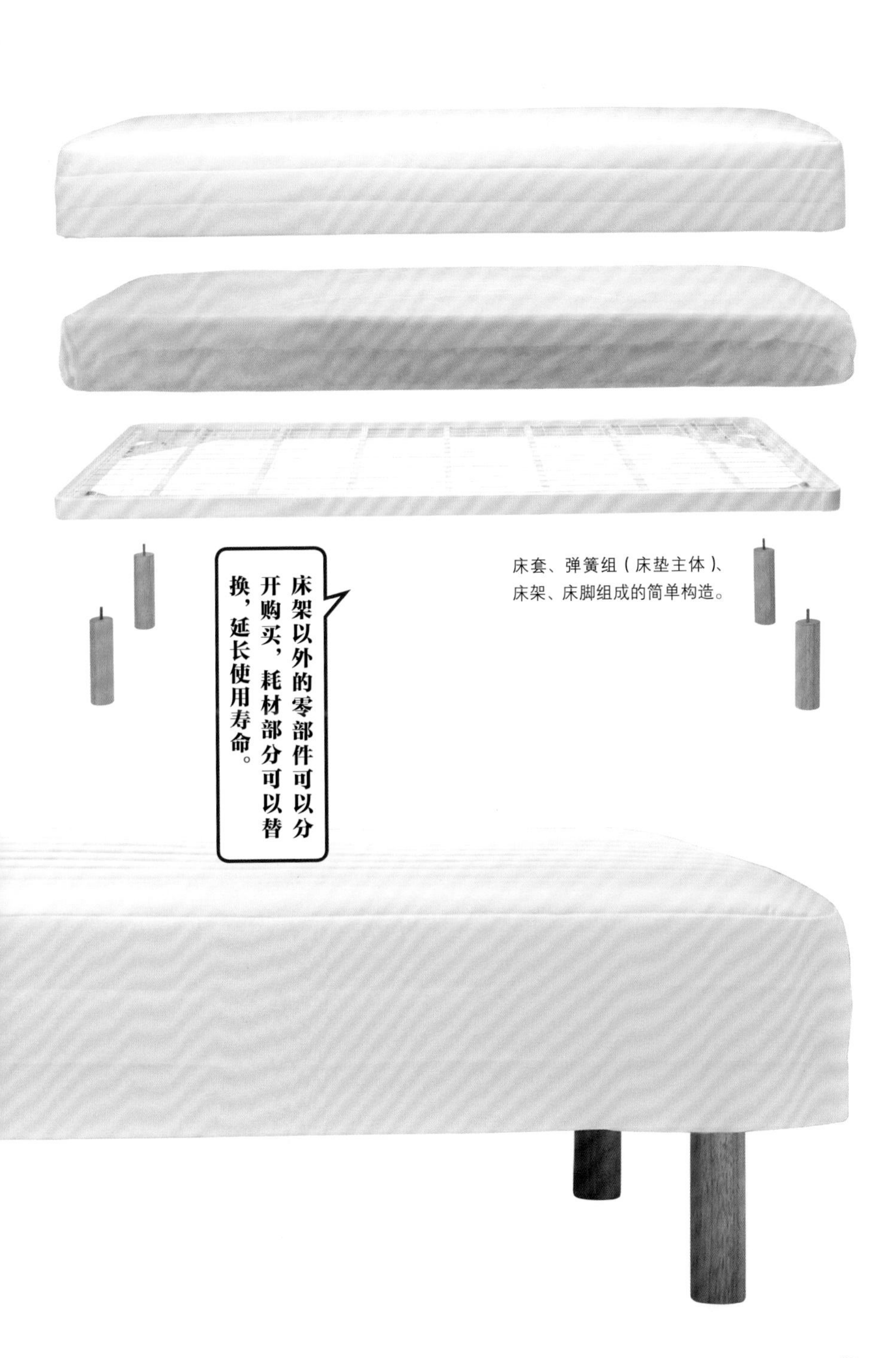

床套、弹簧组（床垫主体）、
床架、床脚组成的简单构造。

1991年最初发售时，床垫内部弹簧采用的是联结式弹簧结构（bonnel spring），整张床垫全都分布着蛇筒形钢丝，将各个弹簧水平方向联结在一起。因为弹簧都联结在一起，因此某个地方所受到的力会广泛分散到别处。如此，便可使用较少的弹簧数量，价格也可以降得比较低。床架是木制的，床垫与床脚是一体的，不可分解。一如名称所示，是“附脚的床垫”。

改良“睡”“坐”“洗”

2002年，改为与普通床铺相同的构造，床垫、床脚、床架可以相互分离拆解。如此一来，床垫可以双面使用，床垫和床脚也可以更换。2005年追加投入市场的是采用了独立式樽型弹簧（pocket coil）的床垫。将弹簧装在一个个无纺布袋筒中，相互之间密合排列。

相对于联结式弹簧结构以“面”支撑身体的方式，独立式樽型弹簧床垫则是用一个个独立的弹簧，以“点”支撑身体。由于联结式弹簧结构是横向联结在一起的，如果两人同时躺在床上，其中一人睡觉时翻身的话，那旁边睡觉的人也会感到晃动。

而独立式樽型弹簧床垫的弹簧相互独立，不太会将这种晃动横向传送出去。但是，要将弹簧之间毫无缝隙地进行排列，所需的弹簧个数就达到了原来的两倍以上，价格自然也就更高，这成了一个大难题。于是，为了配合顾客的用途和预算，无印良品将这两种床垫都列为销售商品供人选择。在这些方面，无印良品也始终贯彻着生活者的视角。

改良还在持续进行。2006年对独立式樽型弹簧进行了改良，将床垫外围部分的弹簧改为更硬质的弹簧。因为有不少顾客不仅把床垫作为寝具，也将其作为沙发，这样的改良使得人们坐在床垫一端，也不会陷下太多。

2008年则将弹簧的硬度分为三段式，外围用硬度较高的弹簧，内侧用较软的弹簧，腰部部分还另外嵌入了中硬度弹簧，使弹簧形成了“日”字型的排列方式。睡觉时弹簧可以支撑背脊部分，防止腰部过于下陷，提高睡眠的舒适度。

2011年，床套变更成了可水洗纺织品。之前的床套里衬是在纤维棉上贴缝无纺布，这次改良则将无纺布改为化纤布料，一般家庭便能将床套放入洗衣机清洗。

采用钢制床架的大幅改良

接着，在2014年的时候，实行了从未有过的大变动，将之前的木制床架改为钢制床架。由此，床架变得更薄，在不改变整体高度的情况下，可以将联结式弹簧结构的高度增加1厘米。尽管仅仅是1厘米，却大大地改善了睡眠的舒适度。

另一方面，独立式樽型弹簧床则在床垫与床架之间腰部的位置增加了横向的弹簧木板（木架），提高了弹性。到了2015年，这种弹簧木板则不再局限于腰部位置，而是运用于床垫整体，进一步提高了睡眠的舒适度。

同时，床套也更容易清洗了。床套虽然在2011年便改为可水洗面料，但配装方式没有改变，依旧是用床架这一面的一整圈魔术贴与床套底部的魔术贴相黏合。这样要装卸床套就非常花力气，对女性而言是件困难的事情。改良时将魔术贴改为了带状魔术贴，固定在床套的16个地方，并且可以卷绕在钢制床架上固定，操作起来变得简便得多。

改为钢制床架后，床脚的安装也更加牢固了，这使得自选床脚成为了可能，于是店里提供了3种长度的木质床脚，床下空间高度分为12厘米、20厘米、26厘米。如果使用26厘米款，便可在床架下方放入无印良品出品的高度24厘米的树脂制衣服收纳盒，将床下空间灵活运用为收纳空间。

2014年的改良同时伴随着生产结构的变革。一直以来，从床套到床架都在同一家工厂制造、组装。然而，由于采用了钢制床架，需要增加一个从未有过的焊接工序。这就不得不对生产环节进行分解，无印良品也借此机会对整体生产工程进行了审视，并将床套的缝制、弹簧垫的制造、床架的焊接都交由擅长该领域的工厂分担。

就这样，尽管经历了多次改良，1991年最早发售的产品从外观上看起来基本与现在的产品没有区别。再次购入附脚床垫的顾客也有很多，与很久之前购买的产品放置在一起，也丝毫不觉异样。基础款商品之所以能让人们安心使用，便在于这个“不变”。

●**附脚床垫的改良历史**

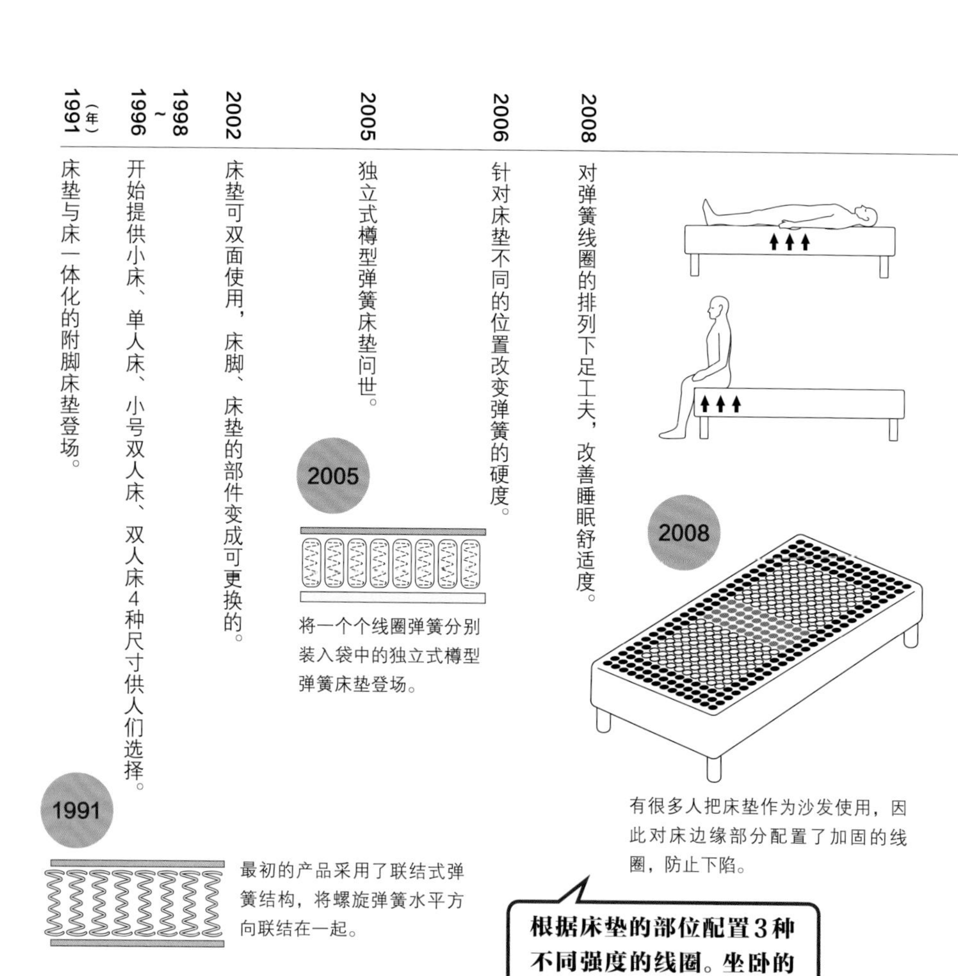

（年）
1991
床垫与床一体化的附脚床垫登场。
1996～1998
开始提供小床、单人床、小号双人床、双人床4种尺寸供人们选择。
2002
床垫可双面使用，床脚、床垫的部件变成可更换的。
2005
独立式樽型弹簧床垫问世。
2006
针对床垫不同的位置改变弹簧的硬度。
2008
对弹簧线圈的排列下足工夫，改善睡眠舒适度。
1991
最初的产品采用了联结式弹簧结构，将螺旋弹簧水平方向联结在一起。
2005
将一个个线圈弹簧分别装入袋中的独立式樽型弹簧床垫登场。
2008
有很多人把床垫作为沙发使用，因此对床边缘部分配置了加固的线圈，防止下陷。
根据床垫的部位配置3种不同强度的线圈。坐卧的舒适度都有所提升。

2011
床垫套变为可清洗的面料。

2014
变更床垫套的固定方法，
腰部位置采用弹簧木板，
床架从木制更改为钢制品。

2015
床垫下全部改为弹簧木板。

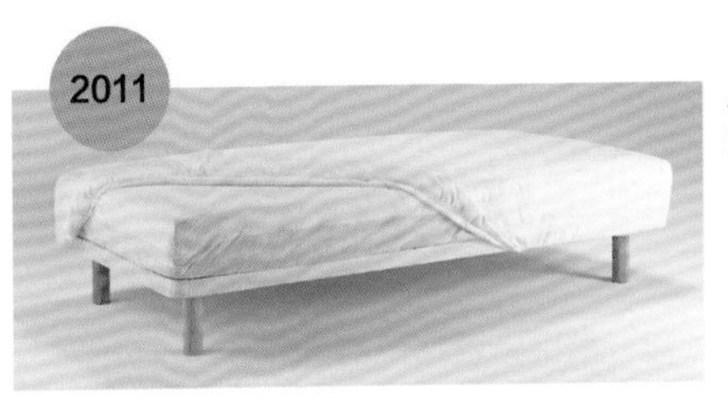

床垫套的内衬从无纺布改为聚酯纤维面料，可以清洗。

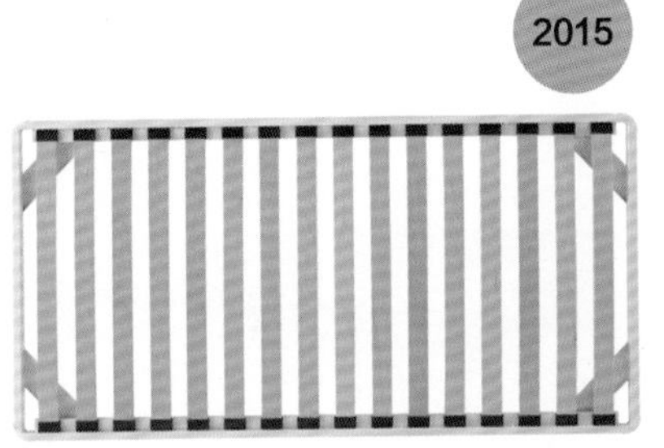

独立樽型弹簧床的床架全面采用弹簧木板（木架），提高弹性。

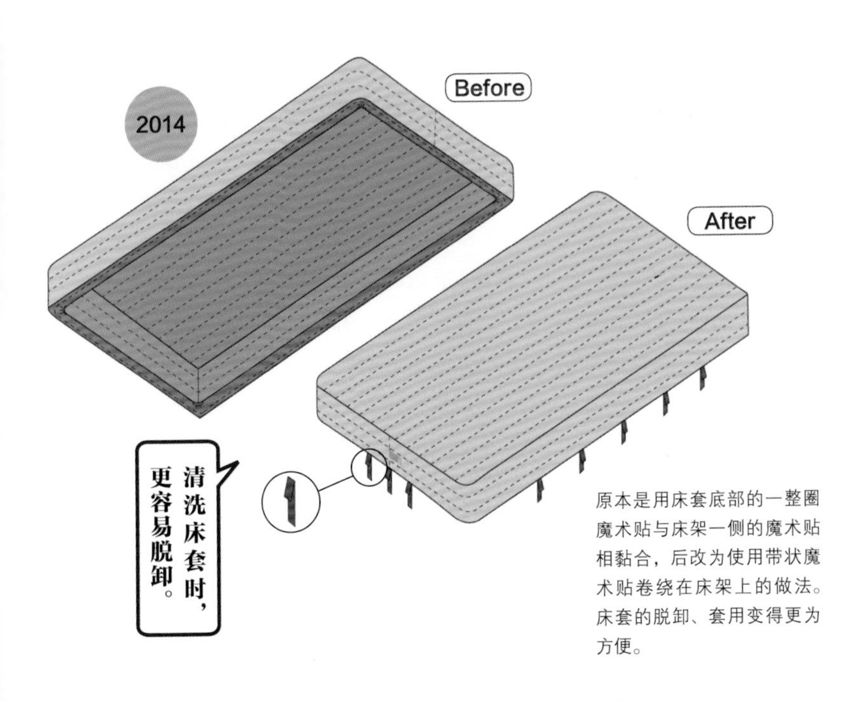

原本是用床套底部的一整圈魔术贴与床架一侧的魔术贴相黏合，后改为使用带状魔术贴卷绕在床架上的做法。床套的脱卸、套用变得更为方便。

抑制脖子刺痛感的可水洗高领衫

打磨基础款商品，制定针织衫新基准

抑制脖子刺痛感的可水洗高领衫一直保持着很高的人气。
自从2009年出品后，便一直不断地改善。
即便是热销商品，也绝不停止改良，这便是无印良品流的做法。

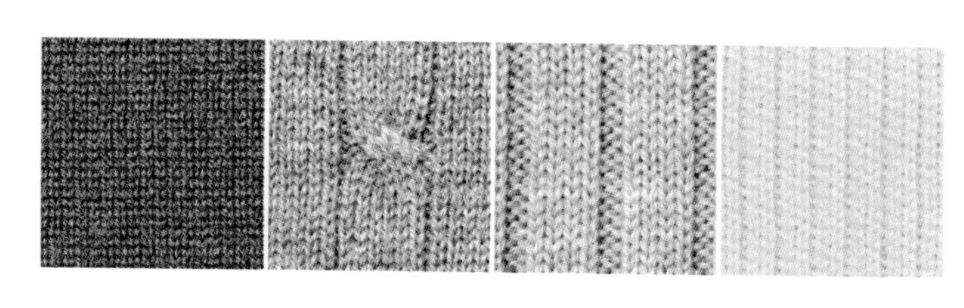

一开始只有螺纹织1个品种，2012年之后，增加了平织、宽螺纹、麻花纹等各种花色。

"脖子会扎扎的，所以不喜欢高领衫"——这种来自顾客的声音成为"抑制脖子刺痛感的可水洗高领衫"诞生的基础。自2009年发售以来，它一直是无印良品的基础款商品。

高领衫其实在2009年之前便是热销产品。但是为了更好地应对生活者的需求，2006年左右，无印良品决定对高领衫进行根本性的重新审视。不断打磨基础款的无印良品的思想，在这里也显露无遗。

调查不穿高领衫的理由时，得到的答复多为"脖子会扎扎的""不喜欢闷热的感觉"，等等。于是，无印良品便开始开发不让脖子有刺痛感、不容易闷热的高领衫产品。

改良过程的关键在于身体部分与领子部分所用面料的改变。"抑制脖子刺痛感的可水洗高领衫"的身体部分采用100%羊毛，而领子部分则使用50%棉与50%聚酯纤维的混纺面料，其中所含的聚酯纤维材料名为"coolmax"，具有柔软及透气性强的特点，让脖子不会感到刺痛，也不容易闷热。

最花费功夫的是颜色的统一。虽然用了同一种颜色进行染色，但却由于面料不同，颜色始终无法统一。"棉身体部分使用全羊毛编织，脖子部分则采用50%棉、50%聚酯纤维的混纺毛线。从外观上并看不出两种质料的区别。

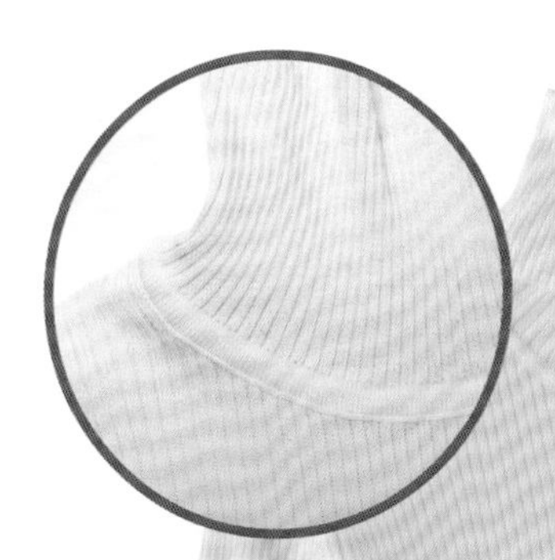

把领子部分翻过来的样子。不同材质的两个部分密实地缝合在一起，却不会因臃肿而令人产生不适感，这是一大特征。

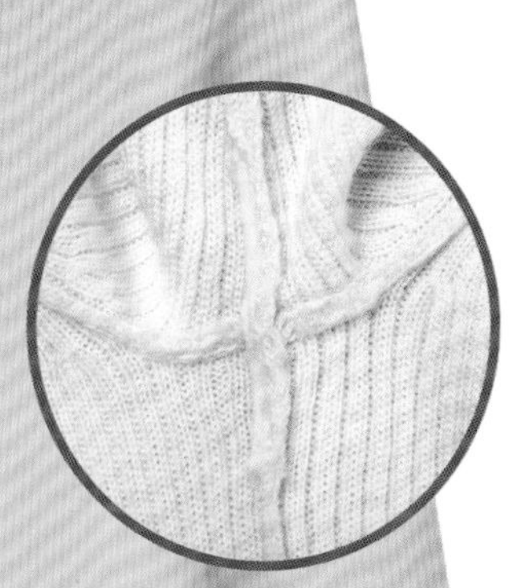

腋下缝合的部分。这里曾经是容易绽开、出问题的一个地方。在维持穿着舒适度的同时，对此处进行了强化补足。

与聚酯纤维的混纺面料的开发，以及羊毛与混纺面料的颜色统一，这些都非常困难，只能不断地试错调整。”“良品计划”的服装杂货部企划设计室室长永泽三惠子这样回顾道。

首次发售产品的第一年度，大约售出10万件。尽管销售情况非常好，却出现了领子、肩膀、腋下等处缝线开绽的不合格产品。为了改善这个问题，生产管理队伍进入到工厂，彻底维持品质稳定。力求牢固地缝合而不会开绽，并要求接触肌肤时不会产生臃肿的不适感，追求穿着的舒适度。

在这之后，改良也从未停止。最

●抑制脖子刺痛感的可水洗高领衫的改良历史

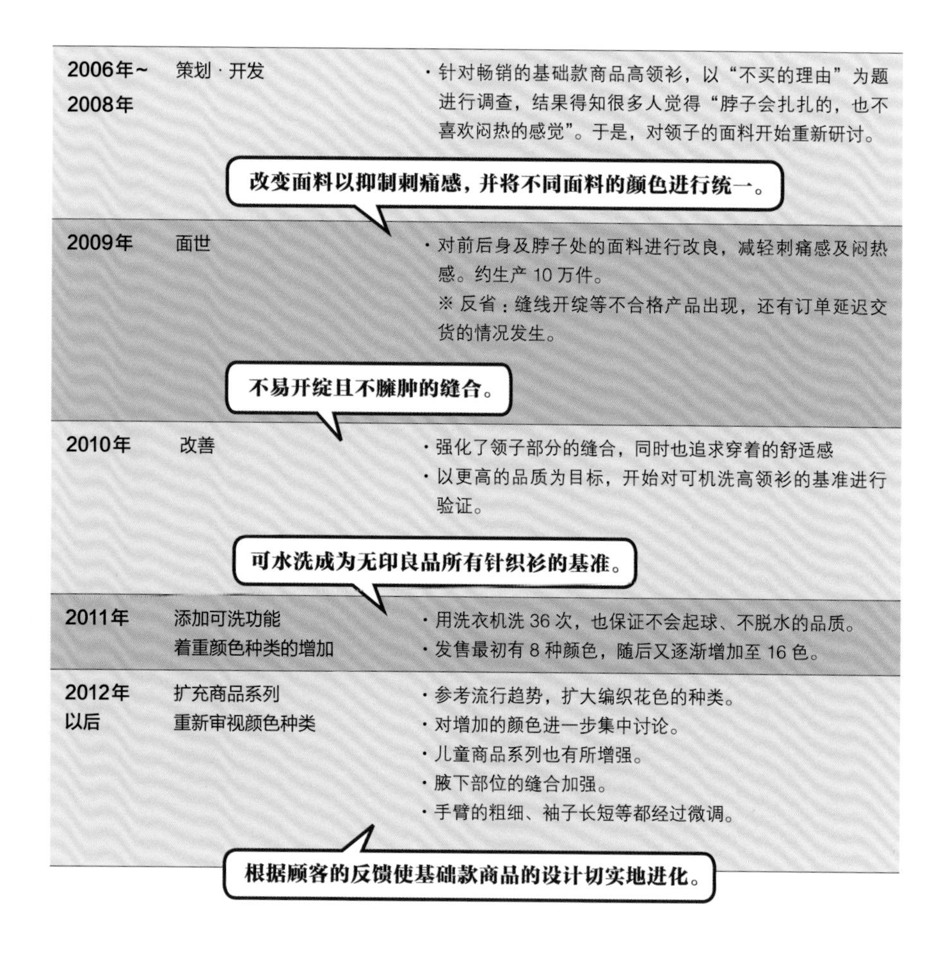

2006年～2008年	策划 · 开发	· 针对畅销的基础款商品高领衫，以“不买的理由”为题进行调查，结果得知很多人觉得“脖子会扎扎的，也不喜欢闷热的感觉”。于是，对领子的面料开始重新研讨。
2009年	面世	· 对前后身及脖子处的面料进行改良，减轻刺痛感及闷热感。约生产 10 万件。 ※ 反省：缝线开绽等不合格产品出现，还有订单延迟交货的情况发生。
2010年	改善	· 强化了领子部分的缝合，同时也追求穿着的舒适感 · 以更高的品质为目标，开始对可机洗高领衫的基准进行验证。
2011年	添加可洗功能 着重颜色种类的增加	· 用洗衣机洗 36 次，也保证不会起球、不脱水的品质。 · 发售最初有 8 种颜色，随后又逐渐增加至 16 色。
2012年以后	扩充商品系列 重新审视颜色种类	· 参考流行趋势，扩大编织花色的种类。 · 对增加的颜色进一步集中讨论。 · 儿童商品系列也有所增强。 · 腋下部位的缝合加强。 · 手臂的粗细、袖子长短等都经过微调。

大的变化便是 2011 年在商品名称中加入“可水洗”的标识。为了能够让人们用家用洗衣机放心清洗产品，又对产品的缝制和面料重新审视。“用洗衣机洗 36 次也不会缩水，不会起球。这成为了无印良品的针织衫产品的可水洗标准。”现在，因为产品不合格而被要求退货的事例已经几乎没有了。“退货率低可以被看作是一种证明，证明持续不断的改良得到了顾客的支持。”（永泽）

无印良品对材料的开发也倾注了

“挪用材料”孕育新的基础款商品

很多力量。希望能够将纱布这一主要运用于医疗行业和婴儿用品的材料挪用至成人服装，便开发了独创的纱布面料。2006年推出“二重纱”衬衫和连衣裙，销售趋势很好。这种材料既轻又柔，其独特的风格是受人们欢迎的理由。

随后，睡衣、围巾等运用这种面料的商品不断增加，现在已经成为常规面料的一种。2016年春夏系列推出了36种商品，预计可获得13亿日元的销售额，相较前年同期增长了60%。

自2000年左右，无印良品还逐渐开始使用有机棉花。现在，以二重纱为主的棉制品，所用材料中有九成是有机棉花。随着有机棉花的产地不断被开拓，在实现可持续使用后，合理的价格也正渐渐得以实现。

●**衣服的开发、改良循环**

策划

讨论基础款商品的策划（改善方案）

设计师 + 商品规划员（MD）

商品设计

生产管理负责人参与进来，进入具体的商品设计（有的商品也会需要研究技术部参与）

生产管理（PD）

研究技术部

样品制作

与所委托的生产方一起，一边考虑策划、品质与成本，一边进行开发

委托生产方

顾客的声音

顾客服务中心或生活的良品研究所收集的顾客反馈则反映在下一次的策划中

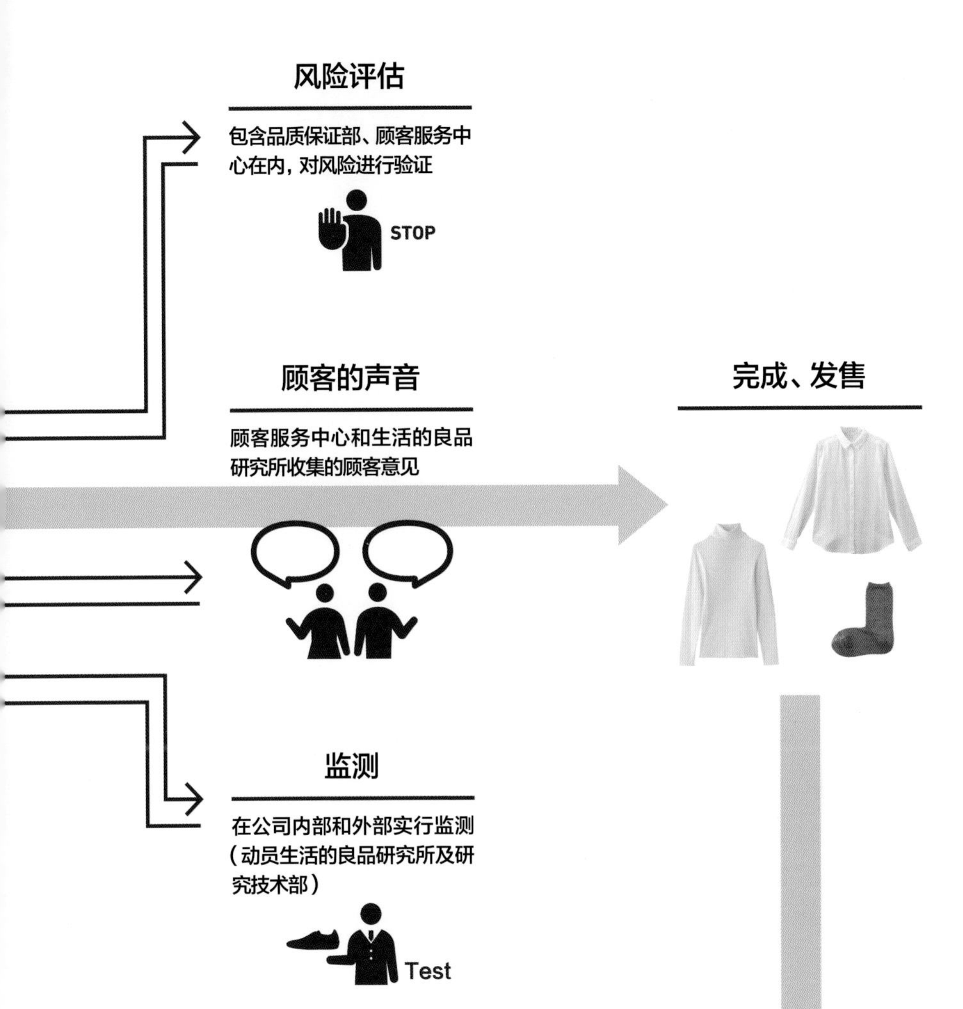
风险评估
包含品质保证部、顾客服务中心在内，对风险进行验证
STOP
顾客的声音
顾客服务中心和生活的良品研究所收集的顾客意见
完成、发售
监测
在公司内部和外部实行监测（动员生活的良品研究所及研究技术部）
Test

合脚直角袜

切实改善后成为无印良品的代表商品

无印良品的基础款商品之一，便是合脚直角袜。
顾客也许并不明白商品改良前后的区别。
即便如此，这款商品还是会在每年不断积累细小的改善。

无印良品在2006年发售的合脚直角袜（以下简称为直角袜），一如商品名称，足跟部分的角度是90度。因为是按照脚的形状编织，所以呈直角，在鞋子里也不容易滑落，像是牢牢地把脚包裹在内，穿着非常舒适。它拥有一批固定的粉丝，成为了无印良品的代表商品。

“直角”的创意从何而来呢？“灵感来自于2006年看到的智利老奶奶的手织袜子，”“良品计划”服装杂货部杂货类MD开发负责人石川和子女士说道，“与人们的脚同样呈直角，试穿一下就发现，比起普通的弯曲120度的香蕉形袜子，这样的直角袜穿起来舒服多了。”

经历4次显著改良

“我想要让更多的人体会这种绝佳的舒适感。”——就这样开始了将手织的直角袜用机械编织进行再现，这是从未有过的挑战。为了做出合格的样品，始终与制作工厂保持密切的联系，在制作出令人满意的产品前，共尝试制作了十几款。

直角袜因其穿着舒适，瞬间成为热销商品。在获得人们的好评后，自2010年起，无印良品的袜子产品全都改成了直角。但是，将袜子做成直角绝非最终的目标。为了追求更为舒适的穿着感受，无印良品在商品发售后仍然毫不懈怠地对产品进行细微的改善。直角袜在2006年首次发售后，经

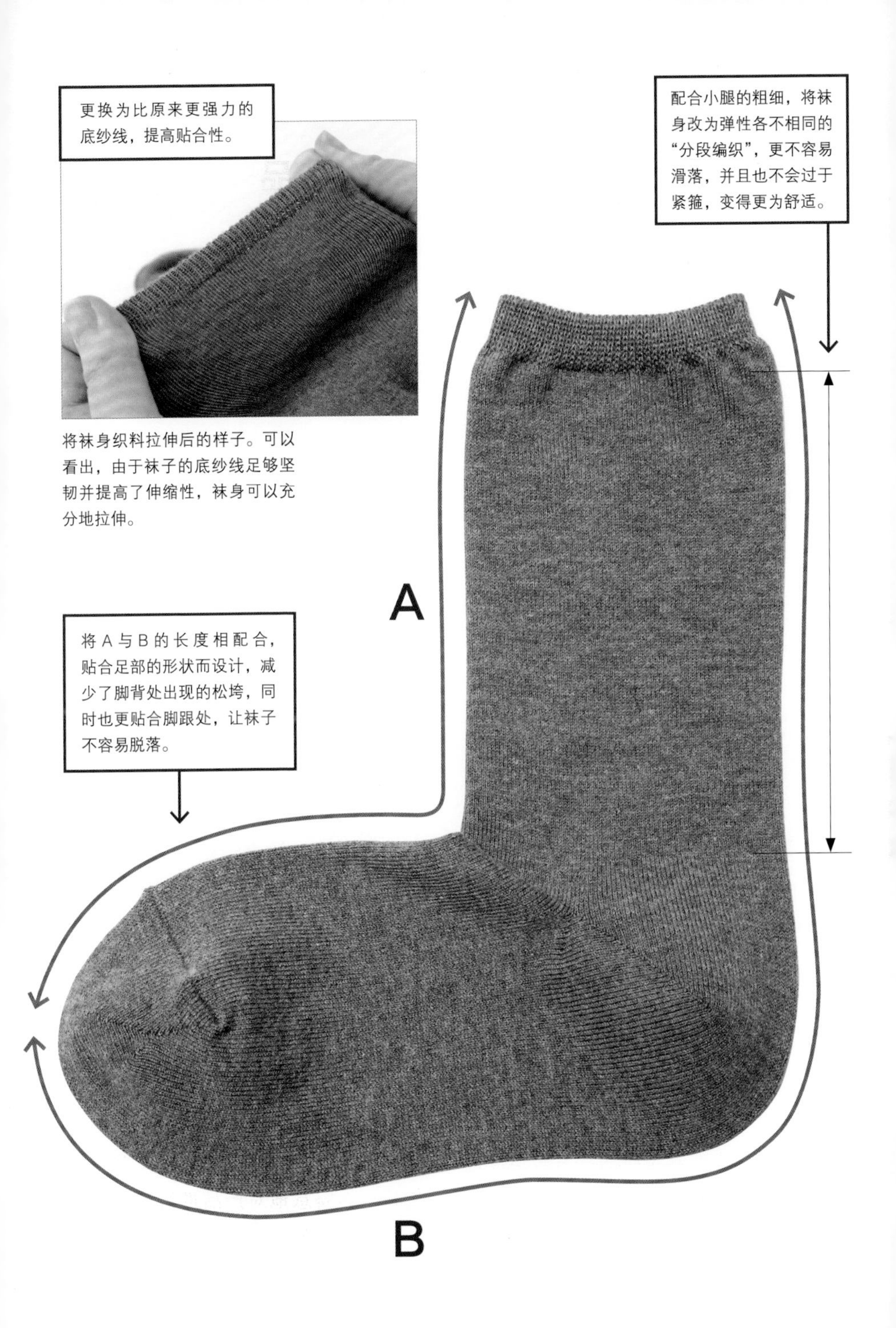

将袜身织料拉伸后的样子。可以看出，由于袜子的底纱线足够坚韧并提高了伸缩性，袜身可以充分地拉伸。

●合脚直角袜的改良历史

2006年	发售
2010年	所有袜子产品改为直角
2011年	改良
2012年	改良
2013年	改良
2015年	改良

过了好几次的改善，比较显著的改良共有4次，分别是在2011年、2012年、2013年和2015年。

第一次的改良是在2011年的时候。“希望让人们对直角袜的认识从‘不知道为什么但挺舒服’变成‘舒服是有理由的’，因此我们对袜子进行改造，想要获得更多人的认同”(石川)。于是，将直角袜与非直角袜的穿着舒适度进行比较，并将“穿着舒适的基准”以数值表示。对脚跟处的尺寸、袜口松紧进行调整，改良成更不易脱落、没有紧缚感的直角袜。

2012年，聚焦在脚的形状左右不同这一问题上，为一部分直角袜产品增加了左右脚的区别。根据左右脚的形状编织而成的袜子贴合度更高。

第三次显著的改善是在2013年。为了让大拇指部分不容易破洞，提高了趾尖部分的伸缩度，延长了袜子的使用寿命。

接着，在2015年的时候，又进行

· 从智利老奶奶的手工编织袜获得启发，发售了合脚直角袜。
· 产品获得好评后，推进直角化，将无印良品所有袜子类产品都改为直角。
· 对脚跟处的尺寸、袜口松紧进行调整，改良成更不易脱落、没有紧缚感的直角袜。
· 将一部分袜子类商品的左右脚进行了区分，以提高贴合感。
· 提高脚尖部分的伸缩性，使大拇指部分不容易破洞。
· 减轻脚背处的松垮状况，同时使脚跟处更为贴合，不容易脱落。 · 配合小腿的粗细，将袜身改为松紧度不同的“分段编织”，使袜子更不容易滑落，并且也不会过于紧箍。 · 采用了更有弹性的底纱线，提高了袜子的贴合度。 · 完全消除了左右脚袜子的区别，左右脚混穿也不会产生不适感。

了最新的改良，共有 3 处。第一处是将脚背处与脚跟处的长度结合在一起进行设计，提高袜子的贴合度，降低了脚背处的松垮状况，也使脚跟处更为贴合，不容易脱落。

第二处则是配合小腿的粗细，将袜身的松紧程度改为“分段编织”，更不容易滑落，也不会过于紧箍，变得更为舒适。

而第三处则是采用了更有弹性的底纱线，提高了袜子的贴合性。另外，为了让左右脚混穿也不会产生不适感，进一步进行了改良。

“尽管做了这些改良，实际上在外观上却几乎没有变化。只有比较着穿才会明白这些改良之处，普通地穿着也许并不会明白。即便如此，持续不断地探究改良也是很重要的。”石川说道。直角袜的穿着舒适感正是由“不断打磨基础款商品”这一无印良品的哲学支持而实现的。

舒适沙发

重新调整材料，销售量“V”字形恢复

在世界范围内掀起热潮的舒适沙发，
同时也因为受人喜爱，出现了众多竞争商品。
然而，无印良品毫不倦怠的改善，让销售量又再次上升。

2003 年正式发售的“舒适沙发”，因其能将身体包裹在内的舒适体验而大受欢迎，“太舒服了，真想一直这么坐着”“不想再站起来了”等反馈，甚至让这款沙发有了“懒人沙发”的别称。2007 年整年度的销售量为 9 万个，达到了销售巅峰，然而这种热销商品经常遇到的情况便是，其他公司会制造生产便宜的仿制品，让销售量骤减。

“其他公司使用发泡度高、直径更大的泡沫颗粒以降低材料费，提供低价位的商品。”生活杂货部的家具品类部门经理依田德则这样说道。但是，发泡度高的颗粒容易损坏，耐久性差。颗粒的大小还会影响坐着的舒适度。以降低品质的代价赢得价格竞争是不可取的做法。

于是，目光便聚焦在其他应该得到改良之处，即沙发套的针织面料。这款沙发套上下两面选用弹力针织面料，其他面则使用无弹力的布料，这样分开配置，可以让使用方法更加灵活多变。然而，却有很多顾客对针织面料表示不满。针织面料选用了聚氨酯纤维，但是这种材料会与汗液发生反应，时间久了容易损坏。因为沙发套清洗的频率远低于衣服，所以老化速度会更快。

发现比赛用泳装的材料

那么，是否有其他材料呢？在寻找材料的过程中发现，大多数具有伸缩性的材料都使用了聚氨酯。最终找到的符合要求的是 Toray 公司为了比赛

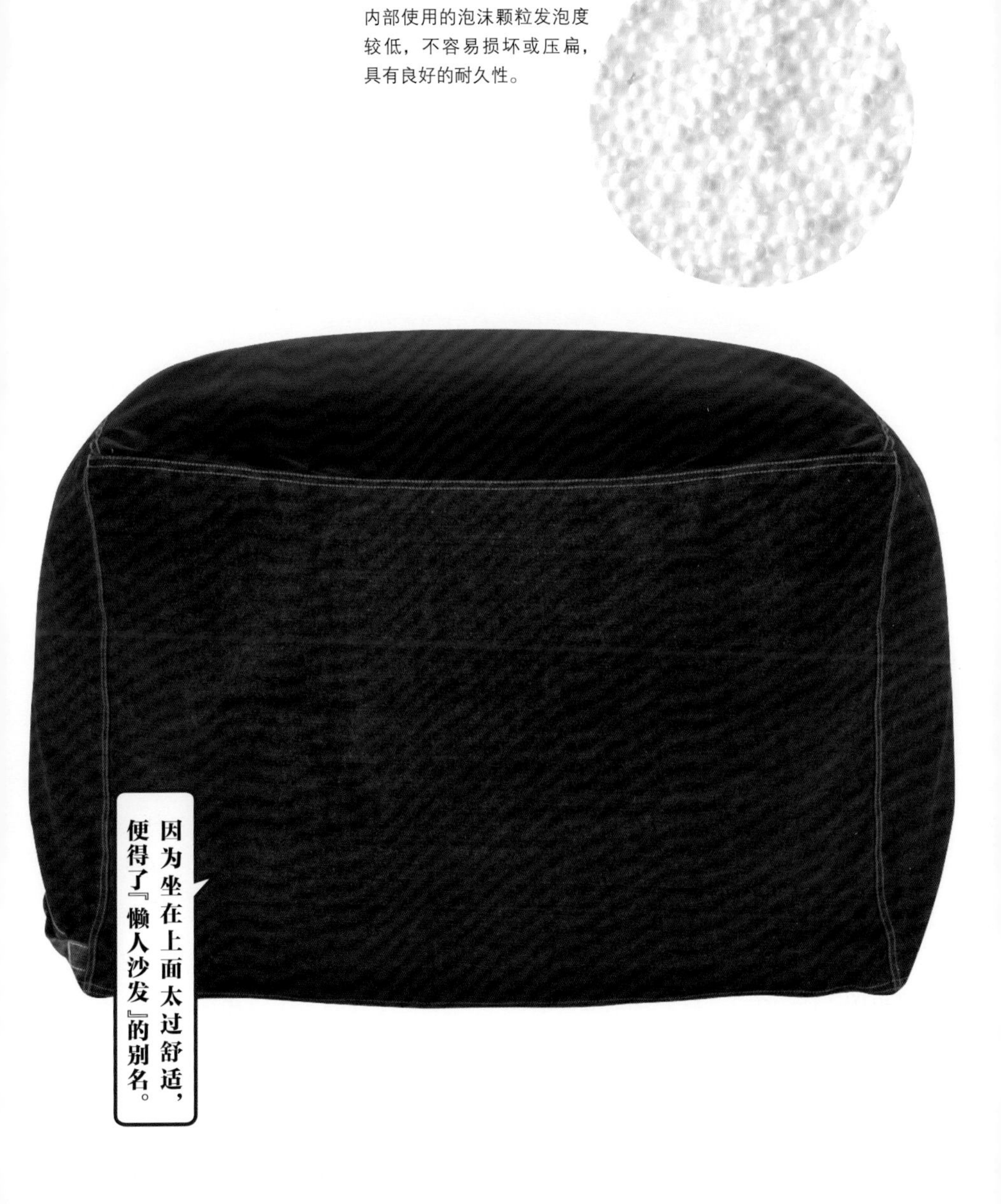

内部使用的泡沫颗粒发泡度较低，不容易损坏或压扁，具有良好的耐久性。

●舒适沙发的改良历史

2002年	发售	・贴合身体的沙发商品化。
2003年		・开始正式销售。
2007年		・年度销售量约 9 万个，创下历史最高销量纪录。
2011年	改良	・针织部分的材料从聚氨酯改为聚酯。
2015年	扩充产品线	・追加牛津面料。 ・包括海外的销售，年度销售量为（预计）25 万个。
2016年	扩充产品线	・追加丝光斜纹棉布面料。

用泳装而研发的聚酯制伸缩材料。

然而，将这一材料根据沙发的规格制成弹力针织面料后，却很难进行染色的工序，产生了颜色不匀等问题，因而无法立刻实现商品化。切实地掌握这一技术，真正实施商品化已经是 2011 年了。2012 年的销售量降至 5 万个，但是因为这一改良，产品得到良好评价，销售量立刻回升，2015 年的销售量达到 25 万个，较过去的销售成绩大幅提升。

另外，在 2015 年，沙发套的用料增加了牛津布。2016 年增加了丝光斜纹棉布。为了充分展示可以自由改变形状的特征，一直以来沙发套的用料都是比较薄的材料，“今后希望让人们充分享受面料带来的乐趣，给顾客提供从未有过的价值”（依田）。

针织面与布面可以分别对应各种不同坐姿。

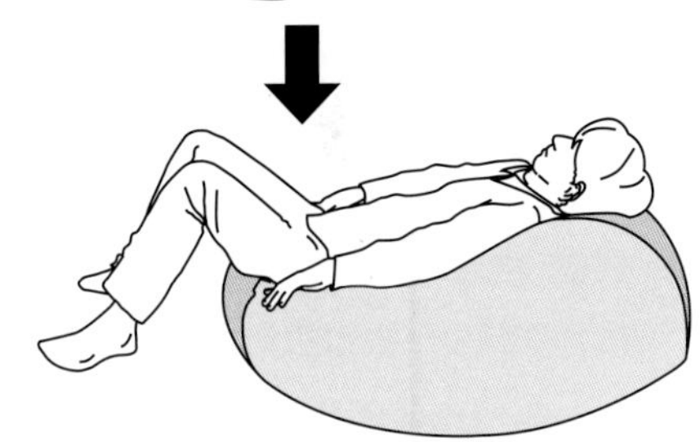

布面朝上，可以左右大幅扩展，最适合午休（上图）。针织面朝上，则会贴合地包裹住身体，最适合读书的姿势（左图）。

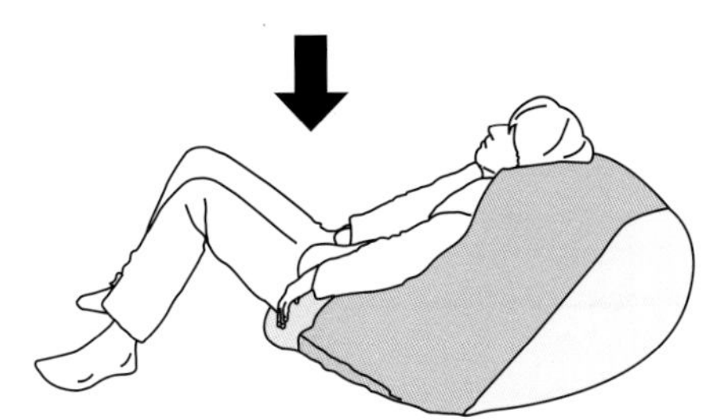

宽脚尖不易滑落隐形船袜

功能与美感并重的大幅革新

2015年的革新经过4次试作，最终得以完成。
“想要做更好的产品”这种精神是没有止境的。
也许，20年后还在同样地不断对产品加以改善。

隐形船袜是从脚尖到脚跟，浅浅包覆足部的用品。脚背部分大幅敞开，穿上鞋子后，基本上看不到船袜。穿在浅口鞋或运动鞋里面，不会感到闷热，双脚看上去也很清爽。

无印良品的深幅浅口合脚隐形船袜于 2007 年发售以来便一直是长销商品。这款商品经过大幅革新后，于 2015 年春季以“宽脚尖不易滑落隐形船袜”为名，全新登场。改良的关键点在于更不易滑落，穿着的时候不容易脚痛。

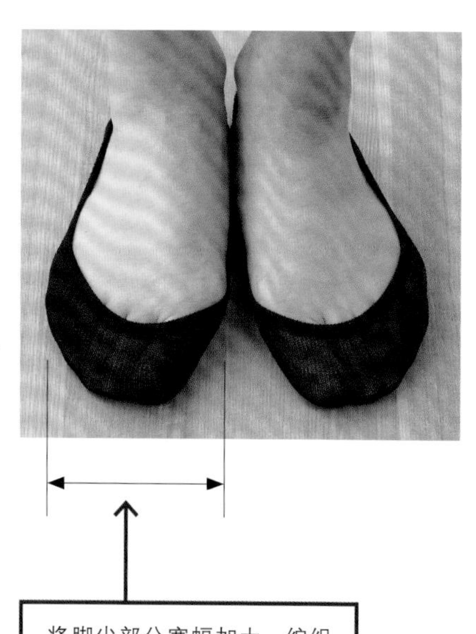

将脚尖部分宽幅加大，编织网眼变松，让脚趾能够伸展。脚尖部分有空余的话，就不太容易发生脚痛的问题。

触发革新的契机，是负责商品开发的同事之间的对话。“良品计划”的服装杂货部杂货类 MD 开发负责人石川和子说道 :“当说到隐形船袜时，很多商品开发人员会谈到‘袜子在鞋子里滑落下来’的烦恼。”于是，为了生产出不易滑落的隐形船袜，从 2013 年的秋天开始，“女士隐形船袜改良项目”

在这一次的改良中，袜口内侧一周编入了“downstop”这种不容易滑落的织线，使袜子在任何角度都不容易脱落。

※照片中的白色部分便是“downstop”织线。（白色部分是为了展示，正式贩售的商品并无白色。）

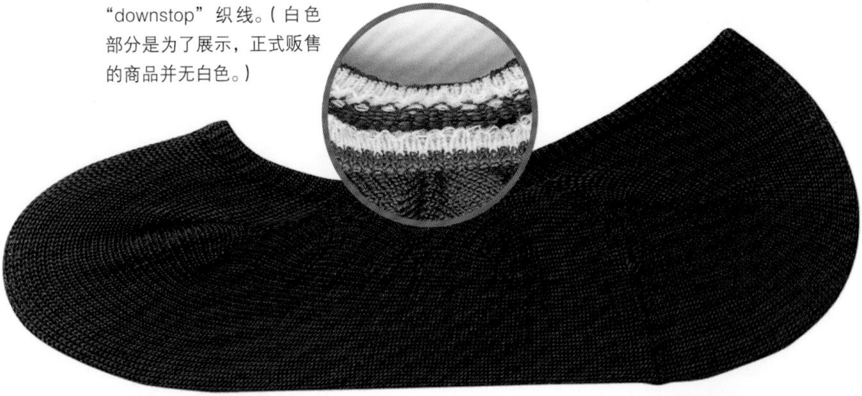

便启动了。

向生产方咨询这一问题后，得到的回答是“隐形船袜之所以会脱落或移位，是因为与皮肤之间的摩擦太小，可以试试将容易移位的部分包裹上摩擦力较大的材料”。于是，生产方采用了名为“downstop”的一种难以滑落的线材，将其织入脚跟部分的内侧，开发了试验品。这样可以使最容易脱落的脚跟及周围部分的皮肤与面料的摩擦增大，生产方希望以此减轻隐形船袜移位的问题。

针对完成的试验品，无印良品以公司内外共计56名女性为对象，实行了家庭试用测试，并对穿着舒适度做了问卷调查。对于“穿上鞋后，隐形船袜是否有脱落”的问题，回答“一次也没有脱落过”的人占总数的71.4%，而针对普通的隐形船袜所做的相同调查当中，这样回答的则为58.9%，比较下来，无印良品的这个数字已经相当高了。但是，针对无印良品当时已经在销售的隐形船袜所做的相同调查结果中，回答“一次也没有脱落过”的人数占总数的76.8%，试验品尽管比一般的隐形船袜不容易脱落，但是却比无印良品已有的商品容易滑落。

经过4次试作

为了进一步寻找需要改善的地方，无印良品集结了18位女性，就“穿着感”“在意的地方”等进行了采访。结果，这一次的试验品尽管穿着舒适，但“不易脱落程度”没有太多的改进。另外还发现了“松紧带箍得脚疼”“穿上鞋子后船袜露出太多”等问题。

研发二号试验品时，为了进一步提升“不易脱落程度”，在袜口一圈的内侧都缠绕了“downstop”织线，这样的构造使得袜子在任何角度都难以脱落。这样一来，袜口与皮肤之间有了充分的摩擦力，包覆足部的面料整体便可以更少，穿上鞋后，隐形船袜就更不容易被看到，这是此次改进的一大优点。

为了解决“橡皮筋箍得脚疼”这个问题，则将脚尖部分的幅面加宽，并让编织的网眼变大，这样脚尖部分就会有多余的空间，可以减轻疼痛。

紧接着无印良品又以60名女性为对象，实行了家庭使用测试，结果回

●宽脚尖不易滑落隐形船袜（女士·可选）的改良历史

2007年	发售	·深幅浅口合脚隐形船袜开始销售。
2011年	改良	·附加除臭功能，改良为“脚跟部分加深，脚尖部分较浅的隐形船袜（消臭）（女士·可选）”商品系列。
2013年春	改良	·将脚尖部分改浅，脚跟部分用特别的编织方法包裹松紧带，使袜子更不容易脱落。
2013年秋	改良	·启动“女士隐形船袜的改良项目”。
2015年	改良	·改良为宽脚尖不易滑落隐形船袜（女士·可选）。 ·袜口内侧编织入“Downstop”织线以防止脱落，还减轻了袜口及脚尖的疼痛感。 ·脚尖部分宽幅加大，编织的网眼变松，减低穿用时足部的疼痛。

答“一次也没有脱落过”“比平时穿的船袜更不容易脱落”的人数占总数的97%。关于脚部的疼痛，回答“没有感到疼痛”的人数占91.7%。对于外观的问题，回答“比平时穿用的袜子更不容易露出”“与平时穿用的袜子差不多”的人数合计约为60%，对于第二次的试验品，更多的人感到满意。

石川等项目成员马不停蹄地进行第三次、第四次试验品的制作，对脚跟部分的肥大不合脚等细节问题进行调整，最终完成了崭新的隐形船袜。

回顾这一次的项目，虽然既有商品的满足度也绝对不低，但“正因为是人们喜爱的基础款商品，才更想要持续、切实地改良。无论是品质还是价格，都要一个劲儿地追究到底，好能满怀自信地说出‘这样就好’”（石川），这便是无印良品。

石川还说道：“想要做更好的产品这种态度，从今往后都不会改变，也没有止境。也许20年后还在做同样的事情。”

长寿设计由此诞生

不强加制作者的意图，这才是无印良品的风格

陶瓷食物器皿、铝制文具、树脂制文件盒……
自无印良品创立之初便延续至今的长寿商品比比皆是。
这些商品是如何诞生，又是如何被继承下来的呢？

加贺谷优●生于1949年。1975年开始在GK工业设计研究所工作。1982年独立后，参加包括无印良品在内的西友原创品牌的开发项目。1983年与无印良品签订业务委托合同，之后便长年从事商品开发。（照片：丸毛透）

2015年举办的“无印良品——加贺谷优的工作”展览。介绍了加贺谷先生迄今为止参与设计的无印良品长寿商品。

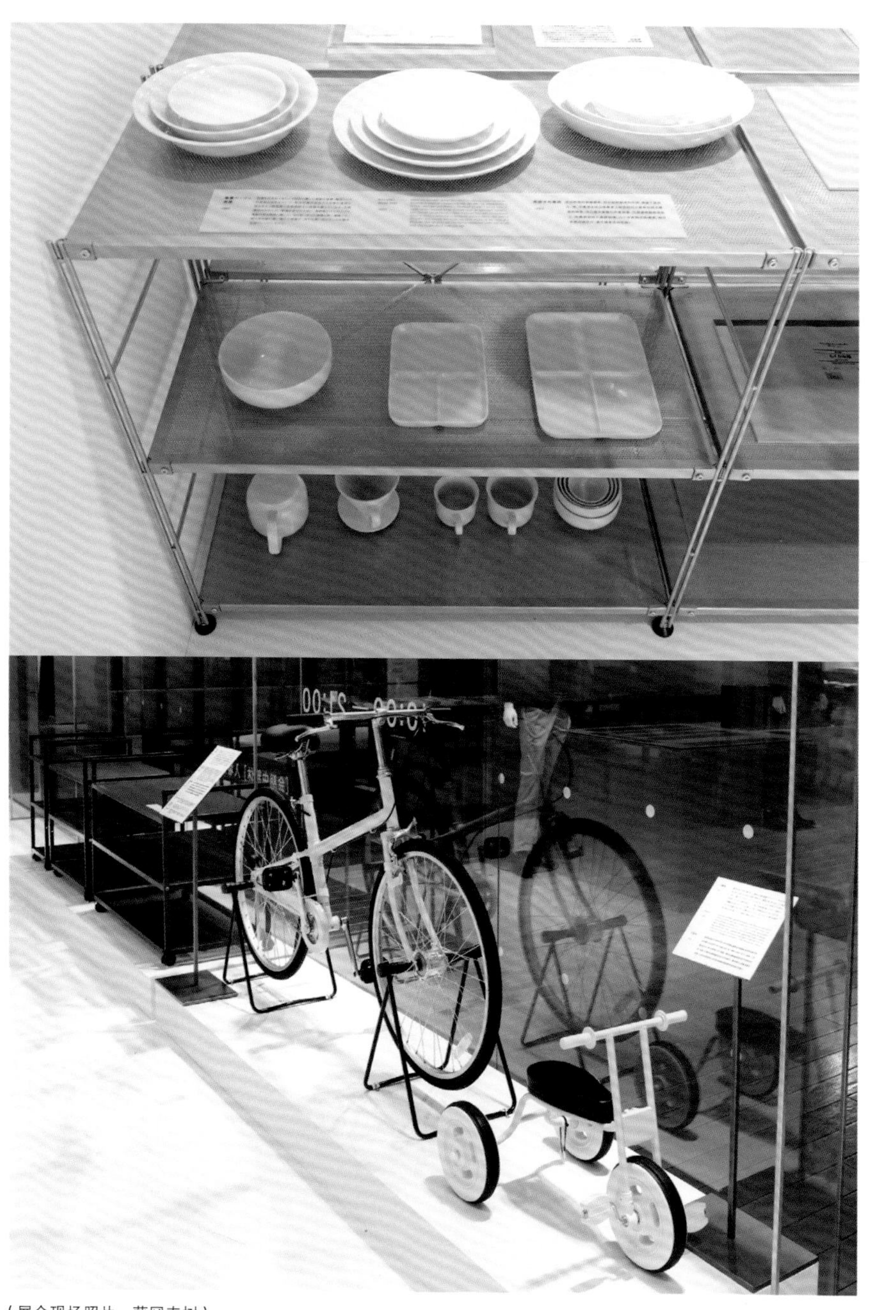

（展会现场照片：藤冈直树）

不以设计师之名销售商品——这是无印良品坚守的信条之一。然而事实上，从无印良品诞生之初，便有一位设计师，一直从事着商品开发工作。

在那之前，加贺谷优先生一直从事音响器械、光学机器、业务机械等工业制品的设计开发，对于开始着手设计无印良品的生活用品的契机，他这样说道：

“1980年的时候，朋友邀请我说‘西友这次准备创立原创品牌，要不要作为产品设计师参加试试呢？’那时我并不认为自己能够胜任生活杂货的设计，因为与我的设计领域相差甚远，便委婉地拒绝了。那时，我对无印良品的本质等也还毫不知情……”

当时，加贺谷先生感到，自己的工作对大量生产、大量消费的社会有着推波助澜的作用，他对此也深感负疚。因此，那段时期他会反对重视个性的设计，想要探寻“不会让人在意设计师是谁的普遍的东西。那些自然的本质”。无印良品诞生后的第三年，也就是1983年，加贺谷先生终于加入无印良品，担负起商品开发的工作。

“加入到无印良品之初，生活杂货部的商品开发人员共有两名职员，加上我一共三人。首先，我需要考虑什么才是生活必需的东西。在这个过程中，让人惊讶的是，排除那些多余物品后，生活中真正必要的物品非常之少。于是，我们将开发新商品的规则定为‘不以自我表现为目的，却具有强烈存在感之物’‘对使用方式不加以设定，具有通用性的商品’，以及‘使用寿命长的商品’。最早实现商品化的是名为‘米瓷’的器皿系列。”

为了在日料、西餐和中餐混杂的日常餐桌上使用，米瓷系列贯彻了简朴素雅的形象，该系列持续增加新的品种，现在仍在销售。据说还有顾客为了补齐30年前购买的同系列产品，专门来店里购买。自那之后，由加贺谷先生着手设计的商品数目繁多。比如“H”字形车架的自行车；让人不觉得华美，既简洁又亲近的铝制文具系列；没有床头板，却可以不限于作为床铺，还可以作为生活空间内的多目的空间使用的附脚床垫；可以结合生活的变化，

左上：加贺谷先生等人最初实现商品化的米瓷系列。其后不断扩充商品品类，至今仍在销售。
左下：“H”字形车架的自行车及三轮车。

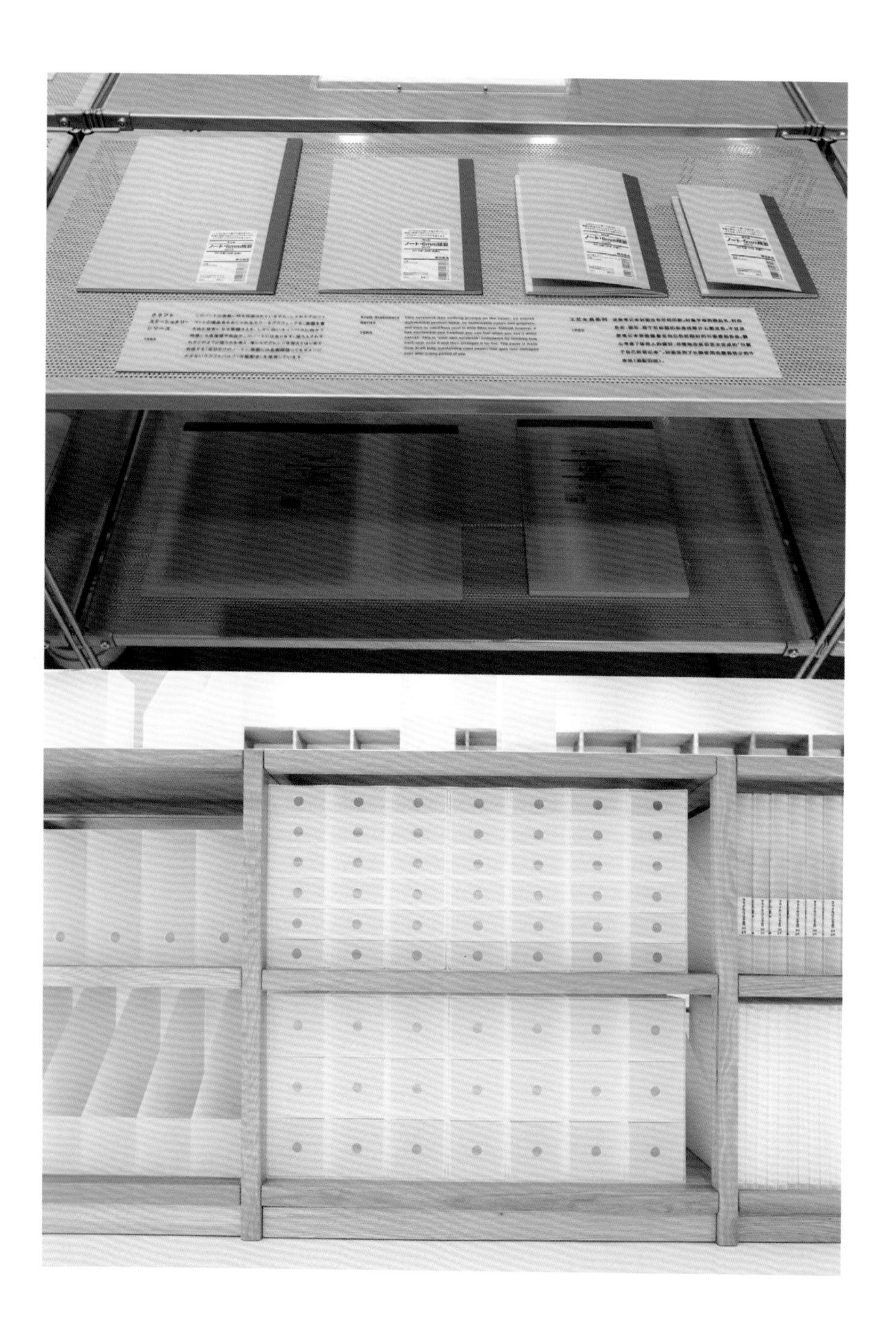

ノート・6mm横罫
クラフト
ステーショナリー
シリーズ
Kraft Stationery
Series
工艺文具系列

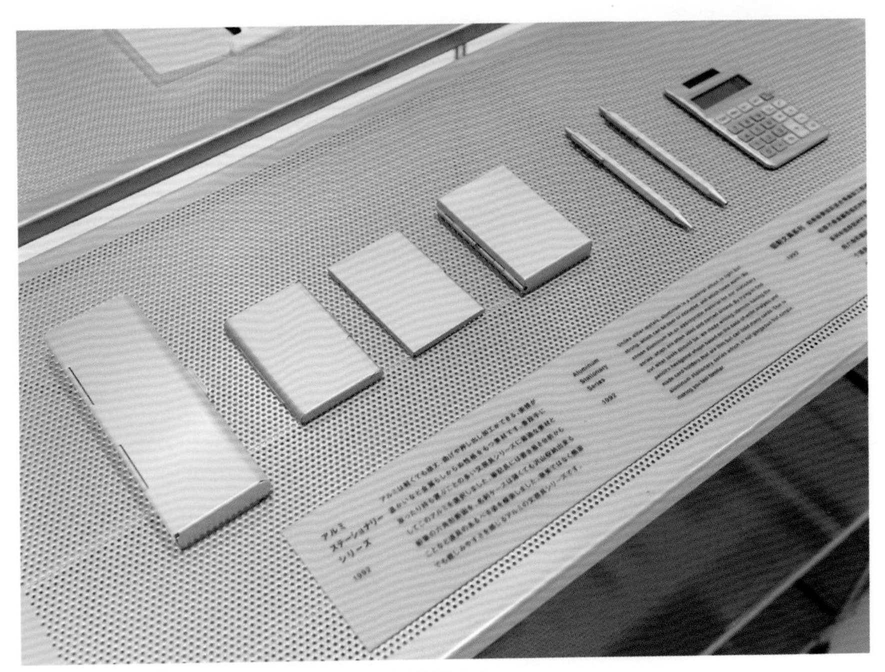

左上：无需多说便知晓的无印良品基础款商品再生纸笔记本。
左下：树脂制收纳系列，由于其模块式设计，各个产品可以尺寸恰好地归置在一起。
右上：铝制文具系列现在仍然广受欢迎。

自由增加或减少配件，以打造最适合自己的良好收纳空间的钢制单元搁架；还有虽然尺寸不一，但模块统一因而外观清爽简洁的树脂制收纳盒系列；等等。

“一般来说，新商品的开发多数是以‘迄今为止没有的东西、不寻常的东西’为目标的。如今反而要寻找‘普通的东西’，这成了一件难事。但是，只要去到无印良品，就会发现很多普通却优质的商品。‘H’字形的自行车是以坚固朴实兼具实用性的国民自行车‘妈妈车’为样本的。用一根钢管将车座与车把连接起来的‘H’字形自行车，车架形状不论男女使用都很便捷，因此成为了不彰显自我、具有普遍性的交通工具”。

2015年，无印良品举办了“无印

良品——加贺谷优的工作”展览。

“我参与开发且现在仍在销售的长寿商品共计40余件，挑选了其中的30件商品进行展示。”

当初，展会的暂定名称是“我也无印良品”。这里所说的“我”并非指设计师加贺谷先生个人，而是喜爱无印良品商品的使用者的“我”，生产无印良品商品的工厂的“我”，还有在无印良品工作的每个“我”，等等。这里的“我”，其实是设定为赞同无印良品思考方式的每一个人。“在我看来，长寿设计是喜爱无印良品的每个人合力打造而成的”，加贺谷先生这样说道。

“现在我依然会参加家具部门和文具部门的设计会议，还会对新商品进行提案并对试验品进行审核。可以见证物品诞生并成长的这个过程，让人

左、中：文具类中有很多长寿商品。
右：简洁的组合式木架和附脚床垫。

欣悦。”

尽管参与无印良品的商品开发已逾 30 年，但所追求的设计方向却从未改变。“不将设计者的意图强加给使用者，而是将使用方法和感受方法全权交付给购买商品的人。摒除对物品的执念，提供感觉良好的生活方案。这才是无印良品的风格”。

无印良品的商品开发手法——“观察”

在杂乱中方能发现商品开发的灵感

无印良品式的创意及巧思是如何诞生的呢？
其中发挥重要作用的是“观察”这一商品开发手法。
解决生活课题的灵感往往来自生活的现场。

拜访生活者的家时，会看到浴室中沐浴露、润发露等瓶子随意摆放着。制造商不同，容器形状也各式各样，有圆形、椭圆形，极为分散，给人以凌乱的印象（插图以实际拍摄的照片为基础进行描画。另外，插图与商品照片仅仅是作为观察的参考事例，并非一张插图对应一件商品地进行商品开发）。
（插图：山浦 Nodoka）

支撑无印良品“Micro Consideration”的是被称为“观察”的商品开发手法，一如字面意义，即进行观察。项目开发人员会实地访问普通家庭，对于生活者如何生活、如何使用物品等生活方式的状态进行观察，并从中发现课题及注意点，最终实现商品化。如果是单纯的观察，已经有很多企业正在施行，而无印良品实施这一做法的彻底程度与其他企业有很大的区别，并且有自己的一套方法。

例如，拜访观察对象家庭时，必然会由设计师与商品规划员组成一个团队，由多个团队历时一个月左右实施观察。每个团队负责四五个地方，有时访问的地方多达 25 ~ 30 个。观察前会设置视角，事先设定好“老年人”“杂货”等主题。2015 年 12 月实

根据观察得出的结果所开发的分装瓶。打造成正方形的形状，是为了能够轻松清爽地将各种用途的瓶子收纳归置在一起。

施观察法的主题是“办公室”，这是考虑到“办公室同样也是生活的一部分”。

抽屉内部也要观察入微

每个团队在访问对象家庭时，都会尽可能地多拍摄照片：墙上挂着什么装饰品，架子上会存放些什么物品，还会打开抽屉观察里面放了什么。从玄关到起居室、厨房、洗脸台、浴室等家居中各个区域，都原样拍下照片，一个区域的照片可能就会达到 300 ~ 400 张。

如果拜访非常普通的家庭，有些房间是整理干净的，有些地方的东西则散乱四周。即便看上去整理好的房间，有时打开抽屉，就会看到杂乱的样子。

“恰恰是这些家里杂乱之处，蕴藏着商品开发的线索。寻找造成杂乱的原因，根据日常自然的行动让物品得以规整，变得整洁干净，为此提供帮助可以说正是新商品的关键点。因此，只看整洁漂亮的地方是毫无意义的。追溯生活者将东西弄得散乱的背景和原因，并将之作为生活者的课题，便能够发现商品开发的线索。”（矢野直子）

如何才能让生活者在毫无意识的情况下完成物品的整理？要达到这样的效果需要怎样的商品？不勉强生活者、不为生活者添加负担的新商品，是从众多家庭的状况当中整理并发掘出来的。当然也需要结合相应的主题事先确认市场部负责人提交的相关调

不仅需要设计师的视角，还需要商品规划员一同参与。

查数据，但最为重视的，还是观察的结果。团队会将拜访的结果尽快整理出来，并用一整天的时间让各个团队发表成果，从中寻找新商品的关键词。

正是由这样的观察法出发，开发出了如盒子和挂架等墙上收纳家具。每一件都不会对石膏墙壁造成损伤，简单地便能进行安装。团队观察到有的家庭有将物品随意挂在墙上的挂钩上的习惯，为了消除这样的状况，设计开发了这些商品。

洗发露和护发素的新型替换用瓶子也诞生了。外形设计为正方形并统一大小尺寸，在浴室可以方便地收纳，这成为了产品的一大特征。洗发露和护发素的瓶子会因为制造商的不同，有圆形或椭圆形等各种形状，这就成为了浴室收纳的一个课题，团队在观察中发现了这样的问题，结果便是分装瓶的商品化。

观察法的舞台并不局限在日本国内，在中国香港已经得以实行，并不断向海外拓展。这一方面适应无印良品全球化进程的展开，另一方面，海外普通家庭的状况也能够为日本提供参考。

在中国香港，团队以“收纳”为主题在4天内访问了约20个地方。据说，中国香港地区的狭小居住空间比日本还要多，本次访问便是为了探寻香港的一般家庭究竟是如何做好收纳的。在访问后立刻对值得关注的地方进行了整理，其结果便是诞生了“Compact Life”这一新的关键词。

一个区域会拍摄约四百张照片，对每个家庭的状况进行细致的观察。

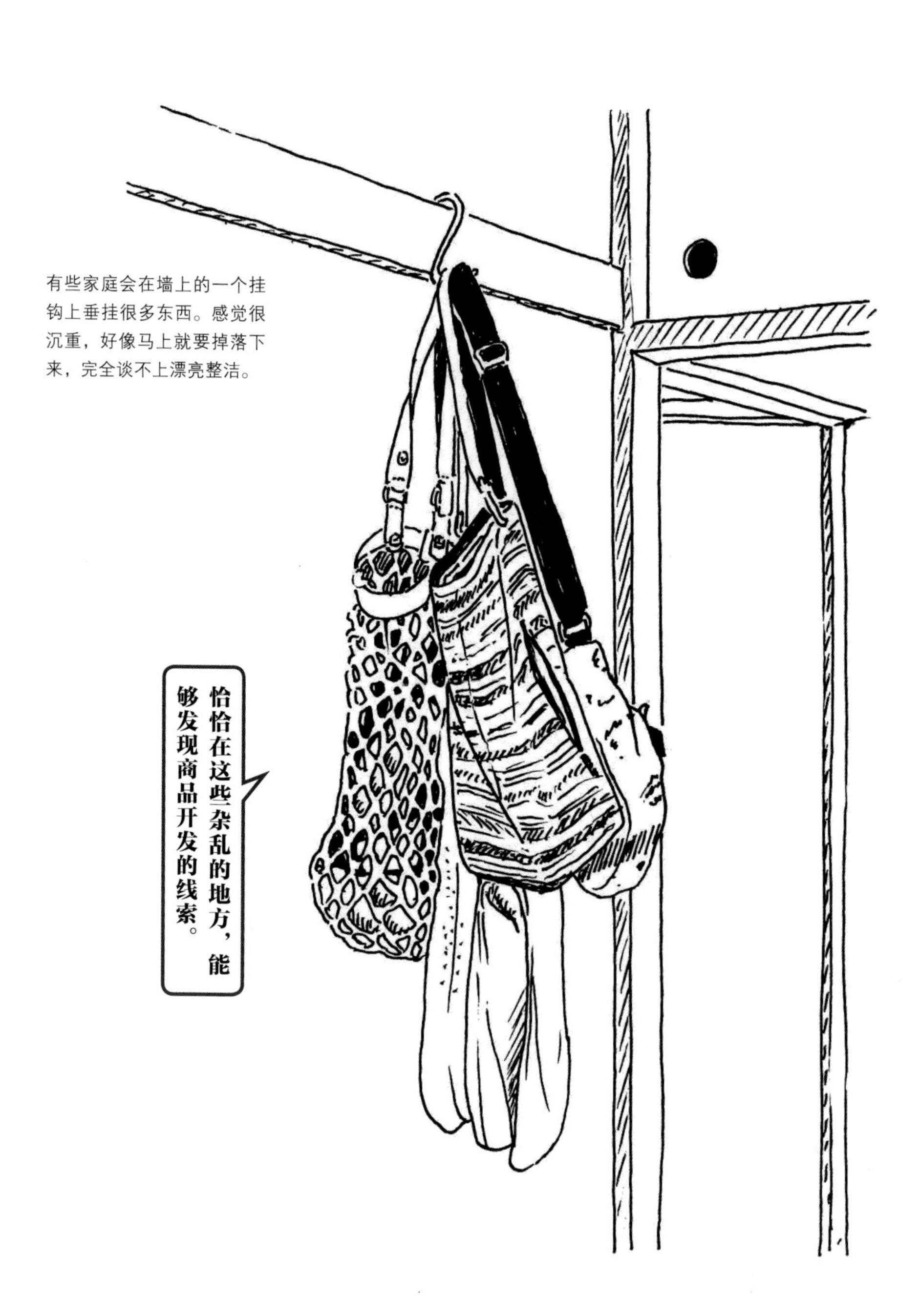

有些家庭会在墙上的一个挂钩上垂挂很多东西。感觉很沉重，好像马上就要掉落下来，完全谈不上漂亮整洁。

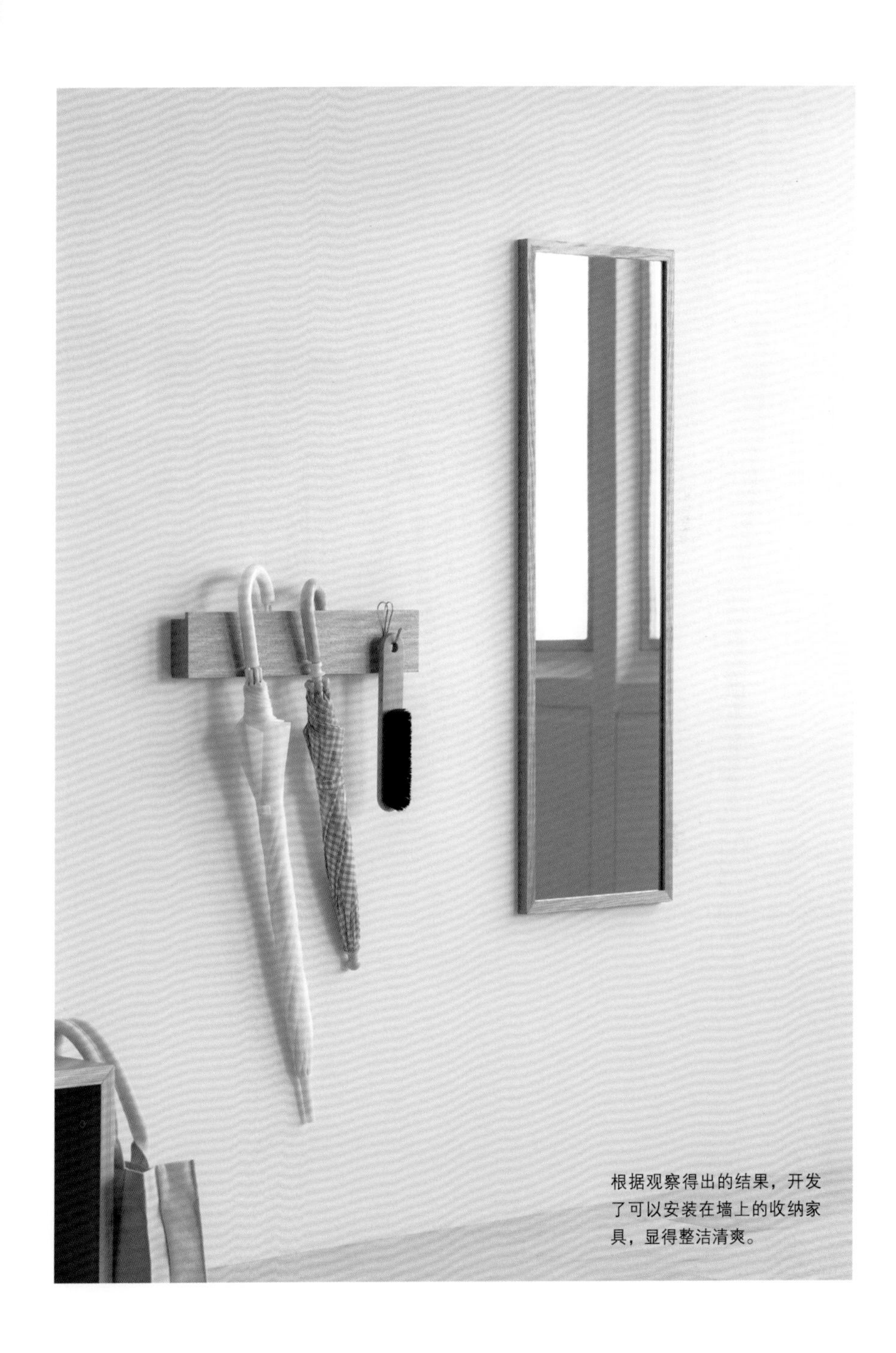

根据观察得出的结果，开发了可以安装在墙上的收纳家具，显得整洁清爽。

有很多家庭会在墙上的架子上放置物品，或者在挂钩上悬挂物品。

这样就可以将小物件整理得干净清爽。

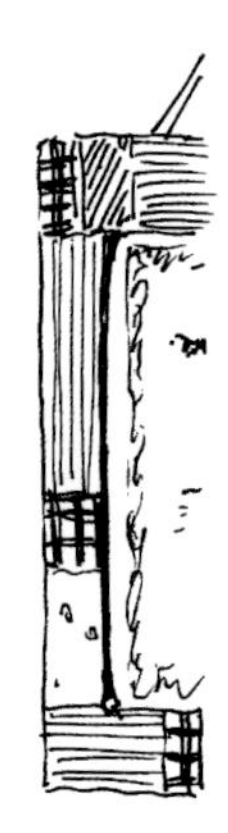
尽管做了收纳，却依然显得杂乱，完全没有整洁漂亮的感觉。

有盒子和架子两种类型，可以根据需求区别使用。

采访

打磨基础款商品，以新的定义重新创作的无印良品

以“旅行”为主题对无印良品的商品进行重新编辑而形成的MUJI to GO，从中浮现出无印良品“不断打磨基础款商品”的一贯姿态。MUJI to GO的监制藤原大先生眼中无印良品的优异之处是什么呢？

日经设计（以下简称为ND）：请问您是如何参与到无印良品的工作中的？

——（**藤原**）我从2013年开始担任以“旅行”为主题的“MUJI to GO”系列的监制。在ISSEY MIYAKE（三宅一生）的时候，我的工作是产品制造之前的一个环节，即“思考方式”，现在来讲便是“设计思维”（design thinking）。面向各种事物混杂流通的服务时代，这个工作以“A-POC”为代表，并以2008年我的独立告一段落。我在美术馆展出的作品成为了契机，无印良品向我抛出了橄榄枝。

2012年初次参观无印良品的设计工作室，有着家庭般的氛围，让我觉得很有意思。正好我有个想法，也展示了这一想法，尽管那个想法最终没有实现……

对于创立于1980年，并拓展至

（照片：诸石信）

藤原大

出生于神奈川县。曾在中国中央美术学院国画系山水画科(北京)留学。多摩美术大学设计学科毕业。进入三宅设计事务所工作后，自 1998 年与三宅一生一起完成“A- POC”项目，实现划时代的服装设计工作。到 2011 年为止，历任 ISSEY MIYAKE 巴黎系列创意总监、株式会社三宅设计事务所副社长。自 2009 年开始创办藤原大设计事务所，将科学技术与物品设计相结合，在国内外持续推广。2016 年，任“良品计划”监制(MUJI to GO)。

(照片：丸毛透)

“无印良品 · 天神大名”(福冈市)的“MUJI to GO”销售区

全世界的无印良品，我作为一名顾客也会有种共同成长的感觉。同时，我也是一名仍在使用无印良品商品的生活者，以及片断式地看着无印良品成长的旁观者。在无印良品的根源中有着田中一光先生的思想，那是一种让人感受到故事性的思想，作为一名设计师，我也深有同感。在海外出差时，看着无印良品的工作风格，以及从日本向世界传播的状态，也会同样为之欣喜。

ND：在您看来，无印良品是怎样的一个存在呢？无印良品的风格又是什么呢？

——我个人认为，日本的企业会在新的领域做出很多挑战，却对日常中普遍的事物缺乏兴趣，在这个领域中发出声音、做出尝试的不正是无印良品吗？在以家庭为中心的空间中，无印良品对于大家每天都会接触的地方保持着强烈的创作意识，并对日常生活进行整体的考量，它就是这样的一个创造集团，让人愿意去买，保持着与社会的联系。

然而，现代生活中始终存在的、日常中不可欠缺的普通物品，也必然有其好坏的基准，并且会随着时代不断变化。无印良品始终关注着这些日常空间中的事物，对于它们是否依旧有存在的意义保持疑问。“在生活的中心”“始终存在”——对于眼前的事物进行观察，重新看待它，打造出纯粹的形状。无印良品便是对此坚持不懈的一家公司。对于变化，无印良品以灵活而积极的姿态去应对，同时也具备挑战的格局，或者说是姿态。

“普通的东西不够吸引人”“别的公司已经在做了，还是寻找新的领域吧”类似这样的想法是不存在的。乍看

上图两件：MUJI to GO 系列的滑翔伞梭织布可折叠旅行用收纳包。在旅行中可以打开，方便地收纳并整理易乱的衣服。不用的时候可以折叠起来，缩小体积。
下图两件：可水洗衣物袋。

M

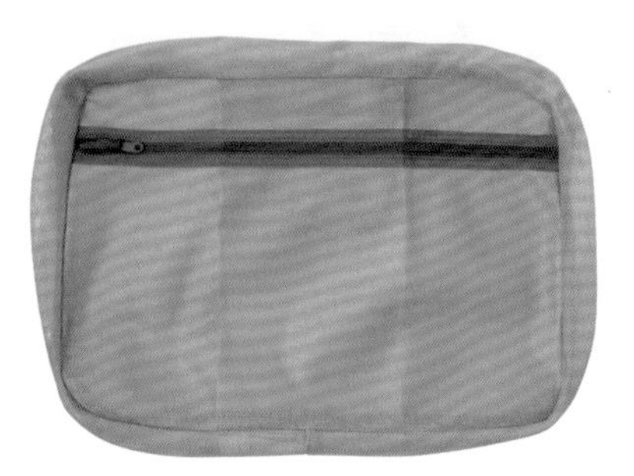

之下，似乎是任何人都能做的东西，无印良品却比任何人都更认真地去做，是一家以一种持续的状态，不断进行挑战的公司。

例如，无印良品会认真细致地观察饭勺的形状。现在世界上已经有了很多使用各种材料制作的饭勺，标榜易于清洗的饭勺等也有很多。但是，与以往相比，现在一碗饭的量要小许多。每个时代都有一个刚刚好的分量，这个分量与时代同时发生着变化。观察到这样的变化后，再重新看待饭勺便会出现“等一下”“这样真的好吗？”之类的讨论。针对这样的情况如此细致地持续进行改良的公司，我想大概除了无印良品别无其他了吧。

在无印良品看来，“不断打磨基础款商品”，日常便会变得更美好。为此，公司致力于销售品质良好、价格低廉的商品，创造新的解释，提出改良方案，借鉴时代及人的趋势，同时发现更适合当下的基础款商品。经过这样一系列的辛苦才能够完成的商品，在无印良品有很多。

ND：您参与设计的无印良品的商品，又是如何表现无印良品风格的呢？

——最初的工作，是通过某种材料，与团队人员一起重新审视基础款商品。鉴于时代的瞬息变化，今天看来已经完成的物品，到了明天可能就会变为未完成品。即使明天所有情况都会有所变化，但仍然想要做出能够应对、承受这种变化的最佳产品。

例如，2015年开始发售的MUJI to GO“滑翔伞梭织布”系列，使用了制作滑翔伞的面料，完成了一系列即轻又耐用的商品。能够应对衣服、包袋、小物收纳袋等不同商品各自的物品特性，更轻更薄。我们从生活者的视角出发，用一种材料对产品进行了改造。

滑翔伞梭织布可折叠双肩包采用滑翔伞面料制成，可以折叠收纳。

这是近两年期间开展的工作，在引入这种材料之际，各部门相互协作的模式也相应产生了。MUJI to GO 这个系列所做的并不是将销售的商品从 10 种增加到 20 种，扩大商品群以促进销售，而是更偏重于能够让旅行者自己与无印良品的商品产生某种联动关系。

关于旅行所具有的思考性，团队进行了多次讨论，最终完成的宣传资料也是以简洁、明确的印象发布的。例如，将原本不同色系的旅行箱与包袋的颜色统一起来，或者因材料改变而重新调整商品的外形。更改为新的材料其实是有风险的。基础款的包袋及化妆包其实已经很畅销，但大家还是大胆地对其进行改良，这是一个富有挑战性的项目。

MUJI to GO 这一系列并不局限于生活杂货，还包括衣服等商品。食品、化妆品、衣服等类别，原本是纵向地由各个部门分别负责，现在却改为横向关联的销售模式。从无印良品众多的商品当中，专门为旅行者，或者对旅行饶有兴趣的人们整理出的这个 MUJI to GO 系列，虽然其中也包含了几种专门开发的商品，但基本上都是对既有的商品进行整理而成的商品群。

与无印良品有合作关系的设计师们在米兰设计周期间展开的世界设计会议上，对各种主题进行了讨论。其中，康士坦丁·葛切奇提出“可以以‘旅行’为关键词，对无印良品的商品进行编辑吧”，这个提议在 2008 年首家中国香港无印良品店铺设立之时实现了。正是围绕旅行这一生活轴线，将与这一功能相应的商品聚集在了一起。

在全世界各处旅游的人越来越多，以生活为题的无印良品也再一次将“旅行”作为关键词进行筹划。家里和旅行地，这两个地方所必需的物品稍微有所不同。从旅行的角度对平日的生活再次进行观察的过程中，滑

可折叠聚酯纤维连衣裙也是 MUJI to GO 系列的商品之一。材料便于行动且可折叠，这是其特点之一。

翔伞梭织布系列便应运而生。也可以说，MUJI to GO 是无印良品表达自身对于旅行的思考的场所。

从旅行这一角度来看待人们日常使用的生活用品，就会发现与平时不同的需求，新的提案便从中而来。使用滑翔伞梭织布制造的可水洗衣物袋便是其中之一。旅游归来之时，分类收纳袋要是可以直接代替洗衣袋就好了，可水洗衣物袋便是从这样的思考角度诞生的。当优先顺序从“家中的生活”改为“旅行”时，使用便捷的评判基准便会相应地产生些许改变。这个项目，就是要将日常生活与旅行这两者整合在一起。

ND：从无印良品受到了怎样的影响呢？共同工作过程中有些什么感受呢？

——来自不同专业领域的人们集合在一起，形成团队并共同推进设计，这一点是非常重要的。对调查结果进行整合，制作原型样品，还要进行沟通，很少有公司能够做到一以贯之。实现最终的商品化需要很长的一段时间，因此在这个过程中，对同样的问题从各种不同的角度反复观察思考的态度是非常重要的。

另外值得注意的是，在无印良品，每个人都会参与到这个思考的过程当中来，如果大家没有意识到这一点的话，是无法实现的。团队的成员同时也是顾客的代表，他们自己家中也会有无印良品的商品。由社长或会长提出的要求也非常明确，能感受到团队中每一个人对于变化的反应速度很快。作为提供庞大商品群的制造商，无印良品在管理这些商品的同时，还在不断地发现日常中潜在的变化，并持续地成长。尽管这样做会耗费更多的人力物力，但是从结果上来看，这种态度能够给商品带来温度并传达出来。在项目开启之时我会与大家一起站在起跑线上，且并肩一起走到最后，在无印良品能够实现这样的设计工作，这一点也是我非常喜欢的。

舒适颈部靠枕（带帽子）便于人们在飞机上睡觉。帽子是可以收起来的。

第
3
章

进化之三
旗舰店的设计

店铺的宽敞空间
是表现无印良品价值观和思想的营地，
其设计也每日持续进化。

无印良品有乐町 / 东京

无印良品一切所在的“母店铺”

无论之前还是现在，都是无印良品旗舰店中的旗舰店，
这便是“无印良品有乐町”，
是个以最高完成度展示最前沿尝试的场所。

2015 年 9 月翻新后重新开业的“无印良品有乐町”（以下简称有乐町店）是无印良品旗下销售量和营业面积均堪称第一的世界最大旗舰店。现在，无印良品的世界旗舰店共有有乐町店、中国成都店和中国上海店 3 家。此外便是国家旗舰店，它们则都是以有乐町店为基准而打造的。在统一销售及服务方式时，各地的大型店铺所进行的实践会首先在有乐町店进行再次构建，然后再传达至世界上 26 个国家及地区共计 700 多家店铺。有乐町店的地位就像是对制造商而言的“母工厂”，是无印良品的“母店铺”般的存在。

有乐町店的营业面积约为 3680 平方米。虽然与翻新前几乎没有变化，客流量和人均销售额却上升了约 10%。上升不仅限于某些特定的商品系列，而是整体的销售额。“积累至今的方针都切实地传达给了顾客，这与购买行为是紧密相连的。”“良品计划”的业务改革部部长门池直树这样说道。

“无印良品有乐町”的特点之一便是书籍的陈列方式。在一楼的 MUJI to GO 系列的销售区域便设置了书架，摆放了与旅行相关的书籍。

将其他店铺先行导入的 MUJI BOOKS 进一步发展，通过书架让商品种类产生交叉互动的崭新模式。

“良品计划”在2015年2月至2017年2月的中期事业计划中，设定了“良好的商品”“良好的环境”“良好的信息”3个基本主轴，以此来推进店铺的改良。各地的大型店铺以具备“发现与灵感”的销售空间为目标，尝试挑战崭新的视觉营销系统（以下简称为VMD）。采用凸显商品种类之丰富的高型陈列柜、将家具卖场的空间用梁柱区隔为各个房间，并进行场景展示等，都是VMD的措施。在各地的店铺养成的VMD被消化之后，会在有乐町店以最佳的状态具体化。陈列柜也引入了经过微调的最新款。翻修过后的有乐町店，可以说是现阶段无印良品的完成形。

入店顾客的滞留时间更久

有乐町店的崭新尝试是将商品与书籍交织摆放在卖场。在福冈市的都市大型店“MUJI Canal City 博多”店内也有汇集了3万册书籍的MUJI BOOKS区域。而有乐町店则采取了更进阶的做法，将约2万册的书籍分散摆放在店内，通过书籍让商品种类产生交叉互动，进一步强化了“与生活有关的新发现及灵感”的提供。顾客浏览书架时会在店内徘徊，自然地就会走遍整个卖场，这必然会让人们滞留在店内的时间变长，也更容易发生消费行为。在店内巍然屹立的被称为“图书巨龙”（Book Dragon）的大型书架也让人印象深刻。

尽管来店的顾客人数和逗留时间都有所增长，工作人员的数量却与改装前基本相同。也就是说，每位工作人员接待的顾客人数增多了，但是由于VMD的效果，商品的价值更容易通过视觉传达给顾客，并且工作人员的技能也能借此得到提升，因此并没有造成任何困扰。

有乐町店特别加强了居住空间区域。这里不再仅仅是销售家具的空间，还开始面向一般用户提供住宅翻修的设计和施工提案。这一服务便是“MUJI INFILL 0”和“MUJI INFILL+”。为住宅翻新和收纳问题提供咨询的家具搭配顾问也常驻店内。“在有乐町店，我们首次切实地将无印良品的翻新业务在店铺进行了传达。”（门池）

2018年2月将要开始下一阶段的中期事业计划。“本土化是接下来的重要主题。包括空间狭小的小型店铺在内，该如何将本土化扩散开来，是我们的课题之一。”（门池）

ヘルス&
ビューティー

二楼书架一角。被称为“图书巨龙”的书架，还发挥着将各个销售区域连接起来的作用。着手设计的是建筑设计事务所 Atelier Bow-Wow。

选书则是得到了松冈正刚所长的编辑工学研究所的协助。与商品宣传的展开相结合，书籍的展示也会相应改变。书籍的结构会以每个月一次的频率重组，同时书籍也会有所更替。

Found
MUJI
家と本
Living Style
MARGARET

位于三楼的 MUJI INFILL+。用无印良品的商品搭配而成的厨房也在此展示。

MUJI
INFILL
【MUJIインフィル・プラス】

家具卖场则使用梁柱分隔出起居室、餐厅等空间，向顾客进行室内装饰的提案。

収納は
くらしの
かたち

2.2 米或 2.4 米高的商品陈列柜，不仅能够丰富地展示商品种类，还能够防止库存不足。在双手够不到的高处展示商品给人以愉悦的印象，这也是大型店的特点。

MUJI Fifth Avenue / 纽约

诞生于第五大道的美国旗舰店

对无印良品而言，美国是继中国之后的重要市场。于是，美国的旗舰店便在纽约的第五大道诞生了。它将无印良品的价值观毫无保留地传达出来。

选址是建筑年数已达 90 年的原银行大楼，共有 24 层。在第五大道中也是个具有日常氛围的区域。

“MUJI Fifth Avenue” 店内的巨大海报是纽约的象征。海报前摆放着舒适沙发。这一展示利用羊毛的材质，令人印象深刻，同时也传达出自然派的形象。

店铺位于纽约第五大道的40号和41号之间，是曼哈顿地区的绝佳位置。正对面的两个街区是公共图书馆，旁边隔过一个街区便是纽约第四十二街，街道东西方向隔开两个街区则分别是中央车站和时代广场。第五大道向北一点便是世界上最高级的品牌店群，但是这里却没有那么华丽的氛围，可以放松地散步，是具有一点知性的较为日常的地点。

2015年11月，美国第11家店铺，同时也是美国旗舰店的“MUJI Fifth

Avenue"(以下称为第五大道店)开业了。

背朝公共图书馆进入店内，右侧是一面红砖墙，靠墙的是一个宽敞的展示区，广受欢迎的舒适沙发随意摆放着。舒适沙发即便在日本也时常出现断货的情况，扩大生产线后终于在美国实现销售。店铺占据地上一层、地下一层，共约1100平方米，是美国最大的一间，集结了无印良品7000多种商品中的约4000种商品。

店内位于一楼中央位置的香薰实验室十分引人注目。号称"世界最畅销"的香薰机也在这里进行销售，"凵"字形的柜台边有专家常驻，用48种香味为顾客专门调制自己喜欢的一款。

这样不动声色地向顾客提供特别服务，也可以说是第五大道店的特征之一。在美国，订制或个性化一般都属于高价服务，即便是修改裤脚也不是免费的。在这样的市场中，第五大道店在维持美式休闲风格的待客方式的同时，也针对顾客的希望提供细致周到的服务，营造日式氛围。

地下一层的楼层高度也有3.5米左右，让商品的陈列享有足够的空间。展示商品所用的架子和桌子，多使用纽约市内或近郊发现的旧家具等，毫不刻意地展现出手工打造的氛围。第五大道店这一项目从启动到开店营业历时一年半的时间。为了树立无印良品的品牌形象，并向人们展示其与纽约众多大型买手精品店的区别，这种规模的店铺是有必要的。

"Found MUJI"专柜向人们介绍无印良品在世界各地发现的生活用品。在开店初期，陈列的是巴斯克地方的编织物、陶器、玻璃器皿、贝雷帽等。还向人们介绍了纽约布鲁克林地区的咖啡店"CAFÉ GRUMPY"烘焙的咖啡豆。

在生活方式设计方面有所建树的*Wallpaper*杂志对这家旗舰店作出如下评价："斑驳的红砖墙、木制的陈列架和店内随处可见的盆栽植物，与面包机、电饭煲、旅行箱等这一品牌主张的合理极简的生活必需品系列相得益彰，为这个空间营造出温馨可人的氛围。"

可以轻松享受订制服务的香薰实验室在这里非常受欢迎。另外，店内还开始提供刺绣及印章服务。刺绣专柜放着集有 300 种文字及图案的图录，人们只需花费 3 美元，便能在自己购买的衣服、拖鞋、布包等物品上绣上自己挑选的文字或图案。

Aroma Labo
$18.00
1. PICK
2. BLEND
3. ENJOY

MUJI to GO
NYC

MUJI to GO 区域售卖的旅行箱则追加了纽约地区限定的 3 种颜色（橘黄色、黄色、天空蓝）。店铺的内墙由红砖砌成，这对于 24 层的高层建筑而言非常罕见，便保留原样使其融入室内装饰的氛围中，这也与自然派的企业形象步调一致。

在美国首次登陆的绿色植物区则以耐旱易打理的多肉植物为主，选取了 4 种大小的观叶植物。对于喜爱绿色植物，却因为过于繁忙容易疏于照管的纽约人而言是令人欣喜的选择。

童装的销售在美国还是首次。天然材质、细致的缝纫，以及可爱简单的印刷图案，都丝毫没有违背“日本”这个品牌。

无印良品 · 上海淮海755 / 上海

“中国首次”备受瞩目！上海世界旗舰店

“无印良品 · 上海淮海755”现在是三家世界旗舰店中的一家。
很多“中国首次”的尝试，
只有在这个被誉为中国最大市场的上海才能看到。

S h a n g

h a i

“无印良品·上海淮海 755”的正门入口处，赫然可见古旧的木船，让人印象深刻。这艘古船是依照中国实际使用的船进行再造的。古船周围则放置了最能够传达无印良品理念的商品。“普遍”“再生”“生活”等，从中唤起的印象多种多样。

上海淮海 755 店在中国最大的流通集团百联集团旗下的百货店内开业。开业后连着数日，进店的人们都排起了长队。

2015 年 12 月，在中国上海市中心区域，“良品计划”的“无印良品 · 上海淮海 755”（以下简称为上海淮海 755 店）开业了。与拥有无印良品最大销售面积的“无印良品有乐町”、中国最大规模的“无印良品 · 成都远洋太古里”（成都市）并肩，上海淮海 755 店同样以世界旗舰店的定位亮相。

店铺周边的区域各个世界级品牌商店林立，区域的定位接近于日本的银座。在该区域的中心位置，便是销售面积达 2790 平方米的上海淮海 755 店，占据了百货店的一楼到三楼。店铺在开业首日便迎来了大批顾客，由于进店人数限制，一连数日人们在店门口排起了长队。店铺的销售额甚至超过了无印良品有乐町，一如文字所述，创下了“无印良品最高销售额”的记录。

上海是中国最先进且成熟的都市，或许正因如此，无印良品所提倡的价值观和理念更容易得到理解吧。为此，无印良品毫无保留地将自身的服务和内容投入上海淮海755店。相比早一年开业的成都店，上海淮海755店尝试开展了更多中国首次的项目。

MUJI BOOKS 中国首次亮相

店铺的室内装饰销售区设有咨询台，可接受来自顾客的问题和咨询，并且首次尝试在中国提供定制家具。虽然仅限于木制桌椅等部分商品，不过，可以根据顾客的要求调整尺寸、规格进行制作、销售。在中国，生活杂货类的销售额占总体销售的比例尚低，为了提高这部分的销售，家具等商品的销售力度非常大。上海淮海755店配置了3名掌握专业知识的家具搭配顾问，应对顾客关于室内装饰的相关咨询。整个中国市场共计11名IA，其中四分之一的人员配备在上海淮海755店，其魄力与决心可见一斑。

MUJI BOOKS也是首次引入中国。书籍的品类达6000～7000种，共计2.5万～3万册。从这些书籍的选择隐约可见无印良品的思想和世界观，以书籍内容为媒介，向顾客传达由无印良品的商品构建的丰富生活。

无印良品将本土化作为课题之一，与活跃在店铺所在区域的本地创作者合作，积极地推进本地产品的活用。“Open MUJI”成为了本地创作者、本地产品与顾客之间的桥梁。上海淮海755店在中国开设了首个Open MUJI。

ReMUJI和香熏实验室也是首次登陆中国。ReMUJI是对衣料生产和销售过程中产生的库存商品进行重新染色，赋以其新的价值，使其再生并再次进行销售的制度。而在日本也极具人气的香熏实验室，在此则采取了与日本不同的销售方式，并非由工作人员在店内进行香薰的调配，而是将多个香薰组合在一起提供给顾客选择。顾客可以按照自己的喜好购买这些组合商品，在自己家里进行调配。

上海淮海755店的开业准备过程中，世界各国的无印良品都调配来了多名工作人员，在协助开店准备的过程中，也就该店的VMD进行了学习。“这样做是为了让他们能够直接接触、感受无印良品最新的VMD，并将学到的知识反馈给原本所属的店铺”（东亚事业部中国区负责人·销售负责部长田中信孝）。

二楼室内装饰销售区域的咨询台。配备了 3 位家具搭配顾问，可以应对关于室内装饰的咨询。

EXIT

除了三楼 MUJI BOOKS 的销售区域以外，各楼层的关键位置也都摆放了相关书籍。日本等国外书籍约占三成，还有名为“读库”的本地书刊系列，非常特别。

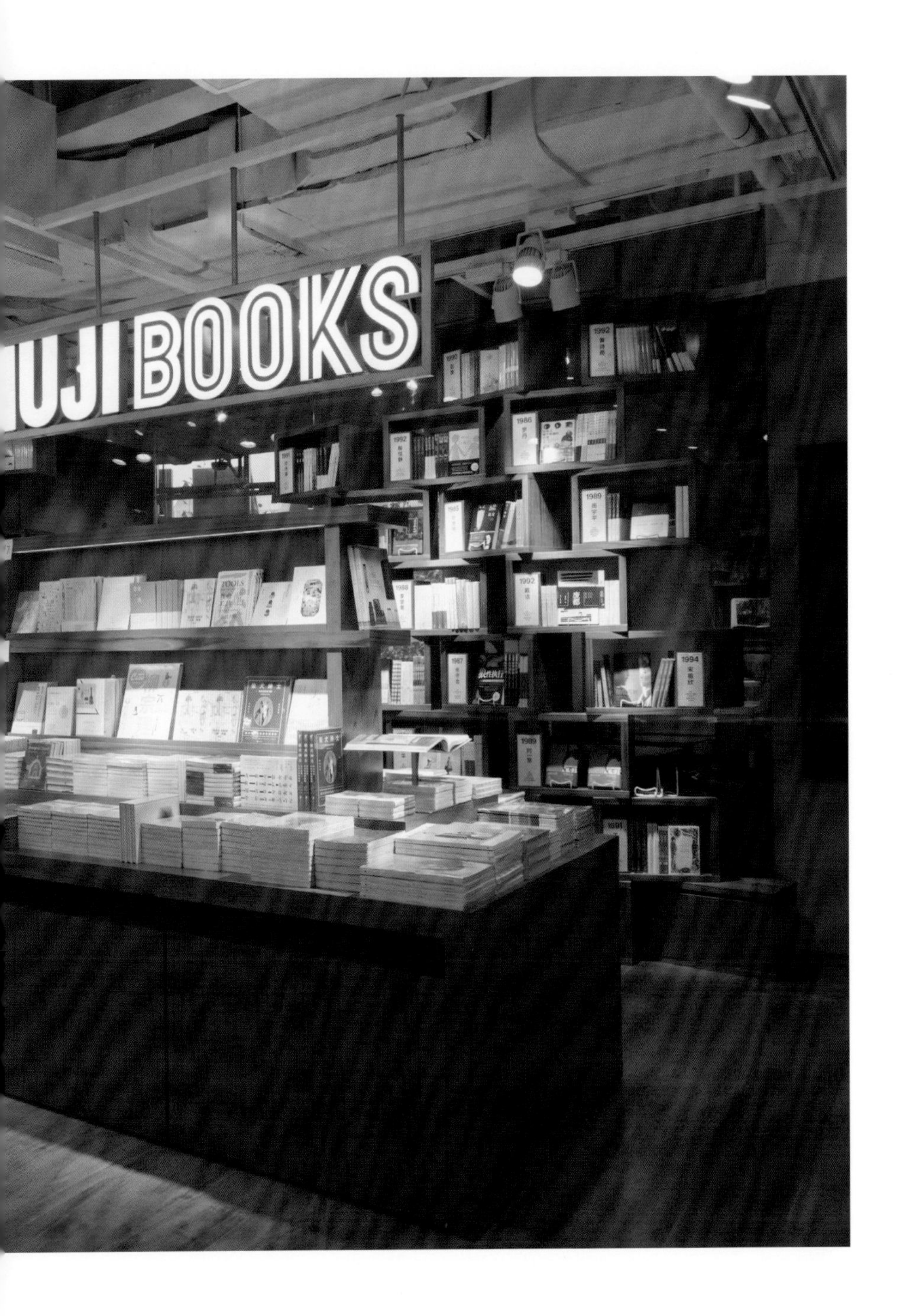
BOOKS

Open MUJI 也是首次在中国开设。这个活动空间旨在传播本地的信息，与顾客进行交流。

MUJI
無印良品

“ReMUJI”是以重新染色的方法，让商品再获新生。在日本，“无印良品有乐町”和“无印良品 天神大名”这两家店铺已经导入这个项目，而在中国是首次尝试。

在店内购买的商品，可以在“MUJI YOURSELF”加上简单的刺绣，或者盖上各种图案的印章等，很受欢迎。在开业首日，印章台周围以家长孩子为中心的顾客形成了人墙。

LF

第
4
章

世界设计师

无印良品
不标榜设计师的名气销售商品。
与这样的无印良品合作至今的
世界级别的3位设计师
述说无印良品。

采访

MUJI为何？于不断追问中进行设计

参与无印良品商品设计的康士坦丁·葛切奇，
作为外部参与商品开发的世界设计师中的一员，
在长达10年以上的时间里，一直与无印良品共同思考、追求这个品牌的本质。

日经设计（以下简称为ND）：请问您是如何开始与无印良品合作的？

——（**葛切奇**）我记得那还是刚跨入2000年代的时候。通过在MUJI工作的设计师朋友的介绍，我来到东京与MUJI的工作人员碰面。那时我便认识到欧洲与日本的生活文化有所不同，为了进一步加深对彼此价值观的理解，而非仅仅浮于表面，我们开展了类似于工作坊的会议。一边看着商品目录，一边对符合MUJI哲学的商品进行选择，在开始工作前，花费一周的时间进行这样的工作坊，还是很少有的。

ND：在开始着手无印良品的设计工作前，您对无印良品的印象如何？

——1991年，伦敦的首家MUJI店铺开业时，我正好在伦敦生活。立刻就感受到MUJI的简朴谦恭、持久性，以及对环境的关怀，但事实上越想要深入地认识，便越会觉得困难。向金井（政明）先生（现任会长）问到MUJI的定义时，他的回答是，每一个人所拥有的印象都是MUJI。他认为MUJI并非一个固定的概念，而应该成为一个开放的、流动的概念，这是一种非常新颖的思考方式。

康士坦丁·葛切奇（Konstantin Grcic）
1965年生于德国慕尼黑。在英国John Makepeace学习制作家具后，就学于Royal College of Art。1991年在慕尼黑成立Konstantin Grcic Industrial Design（KGID）。其客户除了无印良品，还有Authentics、Flos、Magis、Vitra等。

康士坦丁·葛切奇

ND：对您而言，无印良品的魅力是什么？

——MUJI 是多维度的，从食品到家具，范围广泛地向人们提供生活所必需的物品，这一点是很有魅力的。我自己也是，非常喜爱 MUJI 的笔记本、笔、T 恤和牛仔裤等很多商品。MUJI 在国外的店铺也很多，我在柏林和慕尼黑都有事务所，所以对我来说就不愁补充商品了，这也是 MUJI 的魅力之一。

ND：您所设计的无印良品的商品是如何表现无印良品风格的呢？

——MUJI，这个词本身是“不用品牌进行修饰”“白底的状态”之意，对此进行定义的话，是无法用固定的词句表现的，并且每个人的想法都会有所不同。在设计的时候，我也会提议“这样做试试看，如何？”，但过程中我会经常与 MUJI 的成员相互商讨。商品开发的过程充满着紧张感，有时候觉得自己理解了品牌理念，但也许只是个误解，我要抱着这样的感觉不断地与大家反复讨论，才能最终实现商品化。

MUJI HUT（原型）（商品照片提供：“良品计划”）

可以标识的伞

“MUJI 的商品是没有品牌标识的。但是却能够像这把伞一样，仅仅加一个洞，便能让人明白这是 MUJI 的商品。图中商品使用了红色的标签，实际上可以在这里挂任何东西，留下了自由发挥的空间。这是从日本人挂手机链的习惯联想而来，也是与 MUJI 的员工一起反复讨论才得以完成的设计。”

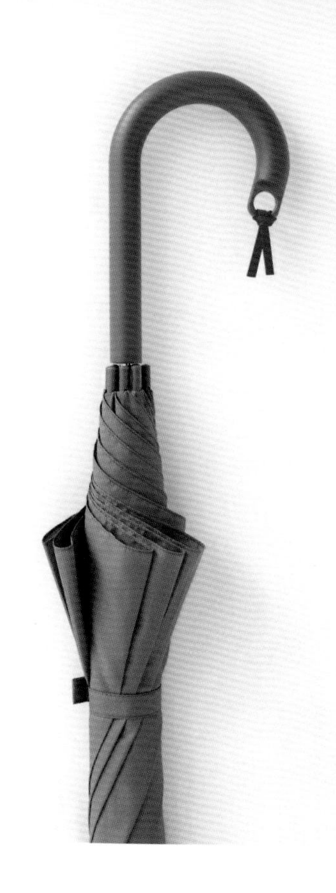

ND：在您看来，无印良品为何不仅能够得到日本人的喜爱，还能够获得全世界顾客的支持呢？

——在这个时代，新的生活方式不断出现，每天的生活节奏都在变化。然而 MUJI 的商品是具有延续性的，只要去到 MUJI 的店铺，那里总会摆放着必需的用品，让人信赖。MUJI 的商品看上去很简朴，却很好地保证了品质。在人们明白了这一点之后，就更加深了对它的信赖。

ND：从无印良品受到了怎样的影响？

——工作方式基本上没有改变，但是通过在 MUJI 的工作，我加深了对日本的理解。从一直在一起工作的日本人身上学到了很多，从这层意义上来说，也许是受到了很多影响的。也有人会

成型胶合板椅子
“MUJI 的理念之一‘八成的物品’——即在不降低品质的前提下，尝试将物品的体量减至原来的八成。这把椅子就是以这样的思想进行设计的。椅子所占空间的比例降低了，但是品质却没有降低。为此，我将椅背部分加上了凹向内侧的曲线并做得更为纤细，同时增加了其高度，以保证座椅的舒适感。”

批评不标示设计师名字的做法，但在我看来这完全没有问题。对于 MUJI 的商品，购买者可以完全不用在意设计师是谁。正因为是 MUJI，这样做就好。我为 MUJI 设计了哪些商品，只要一起工作的团队知道就足够了。

ND：今后准备与无印良品合作推出怎样的商品呢？

——想要如何与 MUJI 继续合作，在这一层面上主要有三大方向。

首先，MUJI 从小件商品到大件家具都有所涉猎，我想要继续与 MUJI 合作制作 MUJI HUT 这样的大型产品。与此同时，迄今为止设计的生活用品这一范畴内，也想要尝试设计不同的商品，当然这也伴随着不断地自问“MUJI 究竟为何”这一问题。新的灵感总是在与 MUJI 成员不断交流的过程中被发现。产品理念或者抽象的想法的每一个点，都是在对话中发现，并与商品

MUJI Thonet
钢管桌子
钢管椅子
“德国家具制造商索耐特（Thonet）很久以前便利用曲管技术制造了桌子和椅子。我与两位索耐特工作人员、一名英国 MUJI 工作人员一同在当地重新查阅过去的资料，为 MUJI 重新设计了这套桌椅。比起制造一件全新的商品，对既有的产品进行改造，使其更适合现代生活的这种做法更符合 MUJI 的风格。让长时间得到人们喜爱的优良品质的家具，由下一代继续传承，这一设计所强调的，正是这种传承的意义。”

结合起来的。对 MUJI 而言，这也是与外部设计师共同工作的意义所在吧。

我们这些世界设计师的立场，就是去发掘公司内部的设计师没有在意的、不同方向上的灵感，去探寻所有可能性。例如，如果 MUJI 不是在日本，而是在其他国家诞生，那会面临怎样的商品需求呢？类似于这样的设想，也会催生出新的产品。我们在反复讨论的过程中会感叹“这也是 MUJI 啊！”，我就是想要推进能够产生这种具有魅力的新发现的项目。

小型鞋架

小型伞架

“以‘简约生活’为主题，相较于桌子、椅子等大件家具，我开发了更多身边的生活用品。商品并不仅是造型上节省空间，还做了组装式设计，这样在店内看到想要购买的时候，便能直接带回家。包装设计成平板式且尽量轻量化，徒手便能运送。鞋架的钢制架子即便收纳了鞋子后，也不会让人特别在意。伞架的设计，既可以插伞，也可以挂折叠伞，并且一只手便能轻易取放。在室内还可以随意地移动，这也是设计中重点考量的一点。可以说，这些都是似有似无的、不给人强烈印象的设计。生活中，美是不可或缺的，但这必须是发自我们内心的由内而外的感觉。这样的设计所追求的正是这种不会对美造成阻碍的存在感。”

采访

MUJI的设计是“人生的一部分”

住在英国的萨姆·海特也是无印良品世界设计师中的一位。海特先生迄今为止参与设计了一百多件无印良品的商品。他还谈到了苹果公司与无印良品之间的不同。

日经设计（以下简称为ND）：请问您是如何开始与无印良品合作的？

——（**海特**）：最早是在伦敦的自由百货（Liberty），这家百货商店自1875年创立，是经营高品质产品的老店，我去了MUJI在自由百货内开设的销售柜台（1991年开设）。当时的感受是MUJI的设计感很强，同时还很有责任感。

接着，给我留下深刻印象的体验是去到东京外苑前的大型MUJI店的时候。当时是与我曾经的上司深泽（直人）先生一起去的。进入这家由杉本（贵志）先生参与设计的店铺后，再一次觉得“有着这种概念的商店，不仅在加利福尼亚没有，全世界都没有”。为什么这么说呢？因为当时人们的消费行为与MUJI的理念是完全背道而驰的，而他们的思考方式才是主流。商品用完就扔，品牌主义风行，在那样的时代中，MUJI就是个完全相反的存在，而我强烈感受到这样的MUJI背后有着类似哲学般的理念。

举例来说，我曾经耳闻这样的事情。那时MUJI的人去到工厂，看到印刷图案之前的马克杯半成品，说“就这样卖吧”“请不要印刷任何图案”，就这样将马克杯作为商品售卖。在广告中，也完全不会传达类似“请买商品”

萨姆·海特（Sam Hecht）
1969年出生于伦敦。1993年毕业于Royal College of Art。在IDEO等公司工作后，于2002年与Kim Colin一起创办了Industrial Facility。除了无印良品，他们还有YAMAHA、ISSEY MIYAKE、Herman Miller等国际性客户。

（照片：行友重治）

多层胶合板床（停止销售）

（商品图像提供：Industrial Facility）

多层胶合板沙发（停止销售）

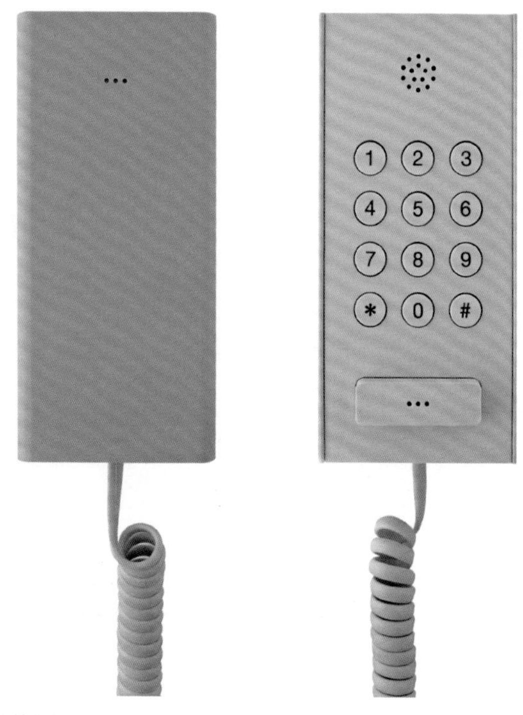

电话机（停止销售）

的信息，而是向人们传达物品的本质。另外，MUJI 初期完全没有著名的设计师合作设计产品，这一点也让我非常吃惊。

1999 年回到伦敦后，金井（政明）先生（现任会长）来到伦敦，我们有了机会交谈。金井先生想要找一些有着鲜明个性却又不会太过于表现自我的设计师。金井先生来到我家，那时候我已经是 MUJI 的忠实用户了，所以家里原本就充满 MUJI 的氛围，今井先生和 MUJI 的那些工作人员都很吃惊。他们发现，我不仅作为一名设计师，作为一名顾客，也是 MUJI 的狂热爱好者。于是，从那之后便决定开始共同工作了。

电风扇（停止销售）

咖啡机（停止销售）

ND：在您眼中，无印良品是怎样的存在？无印良品的风格又是什么呢？

——我最早接手的项目是 2003 年开始销售的沙发和床。使用胶合板的基本款，是以 MUJI 的根源为形象设计而成的。现在已经停止生产了，但我家现在还在用这个床（笑）。也就是说我是从生活中不可缺少的、非常基本的家具开始与 MUJI 共同工作的。

IF design award 的获奖设计产品电话机、咖啡机、电风扇等电器，也是我参与设计的。那时候对于设计的想法是让 MUJI 的商品能够与周围所有的东西进行对话。与其说让一件 MUJI 的产品形成某种氛围，倒不如说是让这件产品与周围的物品相互协调。实际生活中，不可能像产品目录或小册子里的照片一样，是一个什么都没有的

萨姆·海特先生与日本的大学合作，积极地协助培育新一代的人才。照片是京都工艺纤维大学 KYOTO Design Lab 举办的工作坊现场。（照片：行友重治）

City in a Bag（袋中的城市）

“我设计了木制的玩具。在欧洲，人们很重视圣诞节，对零售商而言这是不可错失的商机，销售专门面向欧洲的商品是很有必要的。为此，2003 年特别研发设计了‘City in a Bag’系列。把建筑物的形状做成的积木放入袋中。MUJI 的店铺在大都市的市中心区域，因此这一系列包含了现代建筑、传统标志性地点等都市的地标性建筑的多种组合。销售情况良好，不仅限于欧洲，还销往世界各地，甚至返销回日本。在那之后好几次重新发售，非常受欢迎。我的同事松本一平构思了这一系列，为商品的人气度打下了基础。”（仅部分商品仍在销售）

空间，因此要让产品生成与其他物品对话和协调的关系。任何东西，都不可能只存在于自己的世界中，它必然要与其他东西产生关系性，在一定的文脉中存在。

基于这样的想法，可以称为“MUJI语言”的概念诞生了。在那之前的MUJI可以说只是完全抹去品牌的形象，而正是在深泽先生和原（研哉）先生确定的方向下，MUJI走向了下一个阶段。也就是看到一个个商品，便能分辨出这是MUJI的，MUJI商品的统一感就这样呈现出来了。关键在于，所谓“MUJI语言”并不是像“就是这个”这样确定的语言，而是随着时代变化不断改变，循序渐进地进行自我革新。这一点与苹果截然相反。这两者经常会被放在一起进行比较。苹果是有严格的设计语言的，有其自身的指导原则及品牌规则。这些当然也是非常具有魅力的。但是，MUJI则不同。MUJI有着基本的哲学，但却没有确定什么

附桶洁厕刷、卫生间垃圾桶

“我设计的 MUJI 商品中最喜欢的是 2007 年的‘附桶洁厕刷’。这款商品价格合理，我最想要传达的是这并非‘设计师商品’。这件商品无论是家庭、餐馆还是办公室都能使用，能够这样广泛地被使用，是最令我愉快的。从发售至今已经过去 10 年，现在依然是人气产品。将洁厕刷选为自己喜欢的设计也许有些怪异，但主要还是源于其受欢迎程度吧。正因为在设计洁厕刷这种日常用品时也会采用与设计椅子一样的技术，花一样的心思，才使这一产品获得了顾客们的强烈支持。”

原则，并没有“那个不能做”“这个不能做”这样细致的规则，然而看到商品却能够让人体会到某种 MUJI 风格的存在。这是一种很感性的东西。

从这层意义上来说，开发 MUJI 的新产品，就有必要将拥有同一个想法的人集合在一起。尽管这些人的背景不尽相同，但 MUJI 现在开始必须要培养并发现这样一个拥有相同感觉的人群。

与 MUJI 共同工作后不久，贾斯珀·莫里森、康士坦丁·葛切奇，以及现在已经去世的杰姆斯·欧文（James Irvin）等世界著名设计师也参与到 MUJI 的设计工作中。我们是同时代的设计师，彼此都知道对方，却并未十分熟稔。大家通过一起工作，对于“究竟对 MUJI 而言什么才是重要的”这一问题，思考的基准也变得越来越一致。

2006 年，我参与设计了咖啡机，2009 年设计了防水浴室收音机，此外我还参与过一些文具等产品的设计工作，其中护照笔记本特别受欢迎。那时 MUJI 已经确立了自己的定位，成为了生活杂货的标杆，想要持续生产生活中必要的物品，更具体一点，也就是“没有这个就无法生活”的商品。

ND：从无印良品受到了怎样的影响？

——MUJI 与其他公司不同之处在于，它是拥有自家店铺的零售商，做出决策非常迅速。而且，一旦决定做某件产品，便立刻会进入材料和价格的商讨，不会浪费过多的时间和成本。其他的公司会不断地向后拖延这样的决策。

另外，东京东池袋的无印良品本部每年会举办两次展示会，会场中会展示当季所有的最新商品。通过这样的展示会能够看到公司整体的运作，这一点也与其他公司不同。在展示会中可以充分享受商品带来的乐趣，会场充满了乐观主义的心态，它就像是公司发展方向的一张快照一样。而其他的公司，即便是去到公司本部拜访，也未必能够清楚地明白该公司的情况。

每次参观展示会，我都会强烈地感受到设计的力量。这里所说的设计的力量，并不是说设计是某种特别的存在，而是说它就像人生的一部分一般。许多企业都会不断寻找新的东西，而 MUJI 则旨在与设计师长期保持优良关系。这里也有着 MUJI 的价值观。

采访

MUJI的设计毫不简单

无印良品不依靠设计师的名气销售商品。
但是事实上，无印良品的商品有很多是由世界级的设计师设计的。
其中这一位贾斯珀·莫里森便说道“MUJI的设计毫不简单”。

日经设计（以下简称为 ND）：请问您是如何开始与无印良品合作的？

——（**莫里森**）那是很久以前的事情了，已经不太记得了。应该是来日本的时候与时任生活杂货部部长的金井（政明）先生（现任会长）等人相遇吧。确切地说，我是为了 Axis 画廊的展示会来日本的。MUJI 海外的第一家店在伦敦开业时，我作为一名顾客也去店内购物了，因此对于 MUJI 还是比较熟悉的。

ND：在开始着手无印良品的设计工作之前，您对无印良品的印象如何？

——第一次去往伦敦新开业的店铺时，看到那些简洁又有些抽象感的商品时，立刻就被吸引住了。非常具有魅力，那些商品是当时的伦敦所没有的，应该是 1991 年的时候吧。

ND：对您而言，无印良品的魅力是什么？（作为设计师及生活者这双重身份）

——世界上有各种各样的市场营销手段。在 MUJI 购物时最有魅力的地方在于完全看不到品牌营销或其他刺激顾客消费的手段，而只是将那些素朴简单的商品汇集陈列。前几天我去了德国科恩，正好遇上下雨天，就想着这附近有没有 MUJI 的店铺，正巧发现了一家，便在那里买了雨衣。因为我知道在 MUJI 的话，便能买到最普通的雨衣。品质恰到好处、设计简洁、价格

贾斯珀·莫里森（Jasper Morrison）
1959 年生于伦敦。自 Royal College of Art 毕业后，于 1986 年在伦敦成立设计事务所。2005 年与深泽直人共同开启 Super Normal 项目。设计的领域广泛。客户包括 Magis 、Vitra、Alessi 等世界一流企业。

贾斯珀·莫里森

（照片：Suki Dhanda）

不锈钢·铝制全面三层钢双柄锅
（附锅盖）

适中的雨衣，你不觉得这样的商品最近越来越少见了吗？

ND：在您看来，无印良品为何不仅能够得到日本人的喜爱，还能够获得全世界顾客的支持呢？

——恰恰就是因为刚刚说到的这一点吧。无印良品的商品信赖度高，在各个方面都很合理（适当）。在其他店里购买商品就会产生浪费时间的感觉，有很多不好的体验。

ND：您所设计的无印良品的商品是如何表现无印良品风格的呢？

——设计 MUJI 的商品并不是件简单的事情。例如，与我面向其他客户进行设计不同的是，无印良品需要完全不同的工序。我只要戴上这顶“MUJI 的帽子”，要从设计上呈现 MUJI 风格，就会在超过自己想象的程度上考虑如何减少多余，尽量做得简洁。我设计的其他公司的产品基本上有 80% 或 90% 都是成功的设计，但是 MUJI 产品

不锈钢·铝制全面三层钢单手柄奶锅（附锅盖）

（商品照片提供：Jasper Morrison Ltd.）

的成功率则只有 50% 左右吧。

ND：从无印良品受到了怎样的影响？

——设计 MUJI 的产品，让我能够脚踏实地地进行思考。这是从事设计工作非常重要的，也与个人的成就感息息相关。在这个单纯地以性价比为指标的市场中，设计行业很容易因此使物品的基本性质产生扭曲，这在无印良品却丝毫没有，自己设计的商品得以销售，并被顾客接受，让我觉得很有成就感。

ND：今后准备与无印良品合作推出怎样的商品呢？

——对呢！好问题啊。想要更多地设计些用于餐桌、厨房的食器等商品。鞋子的设计也很想做。'限定'款 MUJI 椅子等项目也很有意思。

（本篇当中的提问与回答均为文字采访，后编辑整理而成。）

"18-8 餐叉"等餐具用品系列

白色挂钟（停止销售）

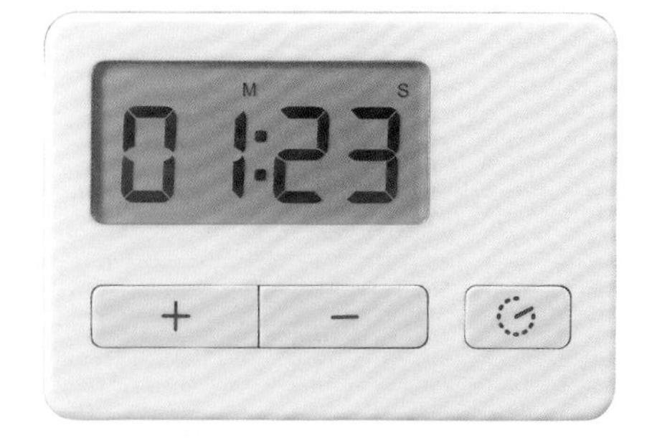

左：Taxi 的手表（金属表带）
右：厨房计时器（停止销售）

左：橡木桌等
右：橡木椅子

图书在版编目(CIP)数据

无印良品的设计. 2 / 日本日经设计编著；袁璟，林叶译. -- 桂林：广西师范大学出版社，2018.11
ISBN 978-7-5598-1229-2
Ⅰ. ①无… Ⅱ. ①日… ②袁… ③林… Ⅲ. ①日用品-设计-作品集-日本-现代 Ⅳ. ①TB472
中国版本图书馆CIP数据核字(2018)第235944号

广西师范大学出版社出版发行
广西桂林市五里店路 9 号　邮政编码：541004
网址：www.bbtpress.com

责任编辑：马步匀
特约编辑：王京徽
装帧设计：坂川事务所
内文制作：李丹华

全国新华书店经销
发行热线：010-64284815
天津市银博印刷集团有限公司　印刷

开本：880mm×1230mm　1/32
印张：6　字数：100千字
2018年11月第1版　2018年11月第1次印刷
定价：58.00元